世界养猪业经典专著大系

猪场产房生产管理实践Ⅱ：

哺乳期管理

[西] 埃米利奥·马格隆·博特亚 (Emilio Magallón Botaya)
艾伯托·加西亚·弗洛里斯（Alberto García Flores） 等著
罗伯托·鲍蒂斯塔·莫雷诺（Roberto Bautista Moreno）

曲向阳　高　地　周明明　主译

中国农业出版社
北　京

致敬我们的父母，因为他们的敬业、奉献和慈爱已成为我们教育孩子的榜样。

译者名单

主译　曲向阳　高　地　周明明

译者　曲向阳　高　地　周明明　宋岱松　夏　天
　　　李　鹏　孙英军　曾容愚　康　乐　梅永杰
　　　张　佳　任夫波　刘　伟　马　琪　张　欣

原版作者

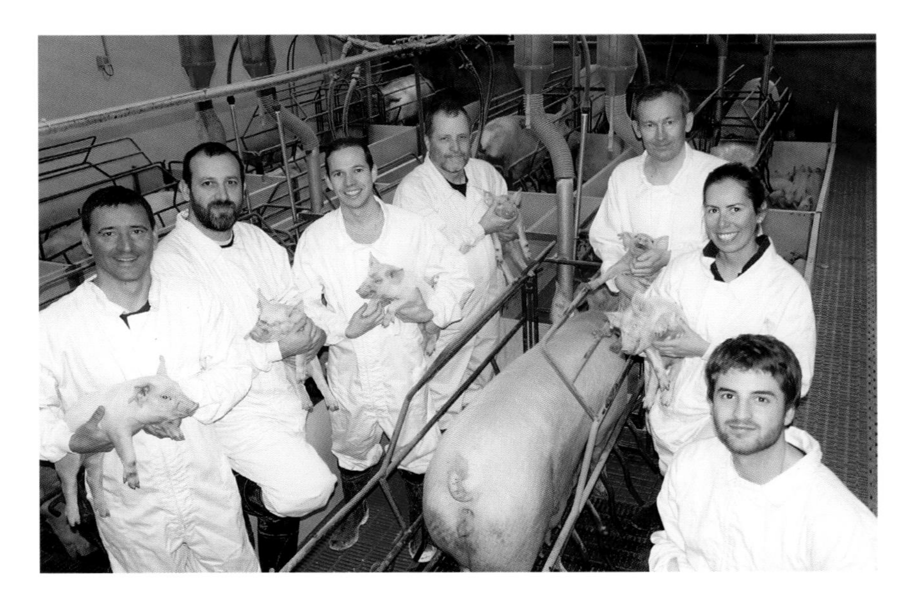

这本书的作者是一群养猪行业的专业人士，他们都是优秀的兽医，就职于西班牙一家大型养猪公司。

他们除了获得兽医学学位外，还在西班牙和其他国家攻读了关于动物健康和生产方面的硕士学位。他们对养猪生产的各个方面，从猪场设施到环境控制、遗传、营养、健康和管理，以及生产成本和人员管理都有深入的了解。

他们拜访过世界上主要的生猪生产国，了解当地不同的生产体系。

他们的技术、知识和丰富的实践经验（通过在猪场与合作农场的日常工作中获得的）将在本书中展现，将有助于读者管理现代化的猪场产房，尤其是哺乳期管理。产房是养猪生产中不断变化、竞争激烈的生产部门。

序

很荣幸为这本讲述猪场产房哺乳期管理的书做序。我非常喜欢这本书的两个原因是：它让我想起了我早年的猪场兽医生涯，在这期间我与作者关系密切；本书内容质量高，完美地展现了作者实践知识的严谨性。

哺乳期这个话题，对母猪和仔猪都有重要的意义，将极大地影响猪场后续生产力水平。对于母猪来说，最大限度地提高其自由采食量对其以后的生产表现很关键。造成不同国家之间的生产差异的原因之一是无法在全年实现标准和统一的环境控制，并受到夏季的负面影响。这对母猪哺乳期间的采食量有负面影响，进而对其生育力和随后的繁殖力产生消极影响。这对仔猪也有影响，仔猪的断奶体重与母猪的产奶量密切相关，而产奶量取决于母猪的自由采食量。断奶体重也会影响保育、育肥期与生产效率相关的主要生产参数。

考虑到哺乳期管理对母猪和仔猪在保育、育肥期的生产表现和效率的影响，本书中的实用建议对于猪场实现哺乳期管理的持续优化具有重要意义。

最后，我要强调所有作者所做的出色工作，他们的奉献精神和专业精神在本书的每一章中都有体现。此外，我也想提及Emilio Magallón作为本书协调者的贡献，他的奉献使本书得以完成，我相信你一定会喜欢本书。

Luis Miguel Laborda Usan

前　言

从事养猪业20多年，我们仍然怀着开始专业职业生涯时的那种热情工作。这是因为生猪生产在不断发展，特别是在近几年，由于育种、新的饲养方案、健康和生物安全方案、新的猪场设施和设备的进步，生猪生产不断变革与创新。

此外，由于互联网的繁荣和通过专业的期刊、讲座、论文等获得研究成果更加便捷，我们现在可以获得大量的信息。但因为这些信息通常不能直接应用于我们的猪场，所以往往帮助不大。

我们生活在一个日益全球化的世界，如果我们想继续留在养猪行业，我们就必须具有很强的竞争力。

变化发生得如此之快，以至于我们总觉得自己与最佳猪场仅一步之遥，却难以超越。要做到这一点，就必须变革，进行创新。因此，根据我们的经验，我们也鼓励您这样做。

本书主要适用于养猪生产者，帮助他们在生产的关键阶段（哺乳阶段）改善猪场的管理策略。本书对猪场技术人员、产房主管和普通员工都非常有益，也可作为促进产房流程标准化和优化猪场生产成绩的工具。

对于像我们这样更习惯于探索学习而不是科研教学、习惯于阅读而不是写作的人来说，总结自己和他人的经验知识来撰写这本书并不容易。我们使用了许多图片和表格，以便读者阅读和理解，同时也竭尽所能地阐述了相关理论知识和实践经验的科学依据。我们希望能实现我们的目标，为实现猪场产房哺乳期的最优管理贡献力量。

Nacho Cano Latorre

致　谢

感谢我们的家人，感谢他们的耐心、爱心和全心全意的支持，这使我们得以将这本书的撰稿、出版付诸行动，最终奉献给读者。

感谢所有与我们分享知识并积极合作的兽医从业人员和专业人士，特别是Inga Food公司的同事，感谢他们的奉献、守诺和激励，简而言之，感谢他们。

感谢与我们密切合作并帮助我们获取知识的养猪专家。

感谢Grupo Asís在本书出版过程中给予的专业指导。

感谢那些以积极态度与我们讨论，并以新目标挑战我们的人，他们向我们展示了新的生产、管理方式，这使我们能够重新思考一些基本概念并在理论知识、实践经验方面有所进步。

给读者的信

过去几年，母猪场已经经历了巨大的变化：母猪场的平均存栏量增加，新型高产猪品种的使用，猪群健康状态提高，更优秀的从业人员，饲喂模式改变，设施设备改进，等等。

所有这些变化都显著提高了全球母猪场的生产力。

最佳的母猪场每头母猪每年生产30头以上的断奶仔猪，有些甚至超过33头。在丹麦，一些猪场每头生产母猪每年断奶38头以上仔猪。

这些惊人的生产力增长要求在猪生产的所有环节（特别是在产房）均应执行新的饲喂和管理理念。母猪分娩的仔猪更多也更小，新生猪母系瘦肉率更高，乳房更大，产奶量更多，需要良好的体况才能哺育所有后代。这就要求更长、更高产的哺乳期，并且需要改变饲喂程序、设施设备、母猪和仔猪管理、人员管理等。

本书从哺乳期的技术和母猪、仔猪生理特征开始，然后着重于产房的环境控制、动物福利、母猪和仔猪饲喂以及哺乳期的母猪管理，特别阐述了寄养和断奶管理。本文还对哺乳期的主要疾病以及人员管理进行了论述，并给出了一些结论和一系列的参考书目。

本书语言简练、通俗易懂，是以严谨、科学的专业知识为基础的，并应用大量图片、图表来呈现关键技术要点。

我们是养猪行业的专职人士，深入参与母猪场的日常工作。因此，我们尽量避免使用过于学术性的术语，而采用简单易懂的语言。

这本书的目标读者非常多样，从兽医到学生、生产主管和从事产房管理的猪场员工，以及所有想以简单、快捷的方式了解现代化母猪场世界一流的产房管理策略的养猪从业人员。

请所有选择这本书的人记住，本书旨在全面总结哺乳期（全球猪场生产过程的关键阶段）的生产管理实践，以及过去几年我们在这方面取得的进展。

目 录

1 哺乳期的技术与生理特征

1.1 哺乳期母猪和仔猪的自然习性

1.1.1 哺乳

初乳在仔猪出生时已存在于母猪的乳房中，因为母猪分娩后体内的催产素（与排乳有关的激素）已达到较高的水平。从分娩第一天起，随着常乳开始分泌，初乳的分泌逐渐减少。乳汁的供应不是持续不断的，而需要仔猪对乳房的按摩和刺激才能诱导乳汁的分泌。最开始的时候，每40～60分钟母猪会哺乳1次，随着哺乳期的推进，哺乳频率会逐渐减少下降。

仔猪出生后不久，通过相互竞争而形成社会化次序等级。结果就是强壮而精力充沛的仔猪占据乳汁分泌最多的胸部乳头。一旦建立起群体间的次序关系，仔猪将在固定的奶头上吮乳。仔猪在出生后第2天开始选择乳头，仔猪可能是通过乳头上残留的自己唾液的味道实现定向选择乳头的。

> 窝内的仔猪通过竞争确定位次关系，导致强壮而精力充沛的仔猪占据产乳量最丰富的乳头。

1.1.2 产房母猪的行为

哺乳母猪的行为会影响新生仔猪的死亡率，尤其是存在碾压仔猪的风险。保持侧卧的母猪可以让仔猪更容易靠近乳房。因此，母猪若移动幅度较小或从不突然移动，则能避免很多仔猪被压死（图1-1），母猪不适当的行为会增加仔猪的死亡率。

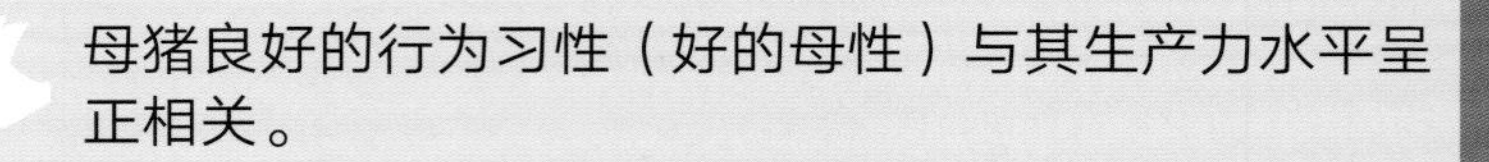

母猪良好的行为习性（好的母性）与其生产力水平呈正相关。

母猪行为的危险性取决于其躺卧时是否足够小心，以及其躺卧行为的突然性和仔猪此时所处的位置。母猪行为的危险性会随着周围环境和一天中所处的时间的变化而不同。

被母猪压到的仔猪会发出高声尖叫，这样可以给被压仔猪带来更多的存活机会。若母猪不能及时意识到正在碾压仔猪并站立起来，仔猪会窒息死亡（图1-2）。

母猪需要一个非常安静的环境以哺乳仔猪和展现适当的母性行为。任何诱发母猪应激的因素（噪声、不熟悉的人员等）都会使其

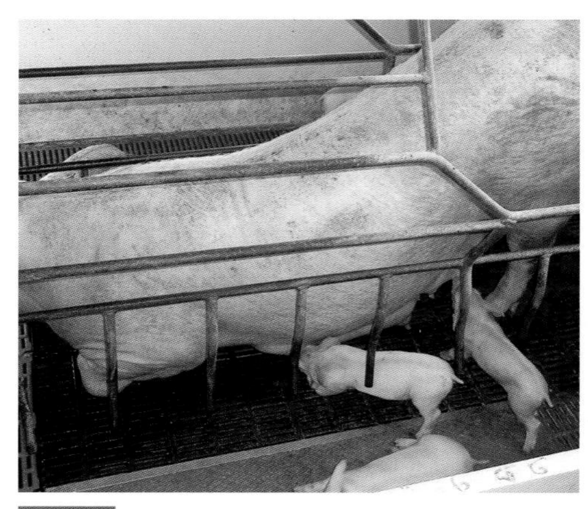

图1-1　为避免压住仔猪，母猪小心地躺卧

图1-2　仔猪被母猪压死，能观察到皮肤压痕和黏膜发绀

恐惧和焦虑，并可能导致哺乳困难，泌乳量减少。

应对母性不佳的母猪进行识别并加以控制，如果有必要，可对其实施安乐死，特别是在育种场。应将对母猪的生产效率的量化选育方法与对母性行为的新研究方法相结合进行种猪选留，以便选择母性优良的母猪。

1.1.3 断奶

在自然条件下，所有哺乳动物的断奶行为都是一个循序渐进的过程。随着后代的成长，它们对营养的需求也在随之变化和增加。随着母猪的产乳量逐渐无法满足仔猪的需求，仔猪会逐渐适应固体食物。

对于母猪来说，随着哺乳期的推移，母猪甚至会拒绝给仔猪哺乳。对于野猪群体而言，仔猪从完全食用奶水转变为采食完全不含奶水的食物是一个循序渐进的过程，通常从8～12周龄开始独立采食。也有其他作者认为可能需要长达17周龄。

上文提到的仔猪食物逐步转化过程包括以下四个阶段：

（1）**隐藏**　在哺乳的第1周，母猪将仔猪隔绝在它们的巢穴中，极少让仔猪离开巢穴到外围玩耍。

（2）**熟悉**　在哺乳的第2周和第3周，仔猪跟着母猪离开巢穴，它们与同窝其他仔猪待在一起，不接触或极少接触别的母猪所产的仔猪。在此阶段，仔猪开始有翻拱行为。

（3）**融合与学习**　直到哺乳的第7周，仔猪的觅食行为增多，与同一个猪群的其他仔猪相互接触。母猪离开仔猪的时间越来越长，仔猪的哺乳间隔期增加，且每次哺乳时间更短。

（4）**独立**　最多到哺乳的第17周。哺乳的频率越来越低，直到完全停止。仔猪开始作为社会化猪群的一员而独立生活。尽管它们独立觅食，但是仍与它们的母亲和同群猪一起睡觉。

哺乳间隔的变化是很大的。从哺乳第1周的每40～60分钟一次，然后到哺乳第2周至第4周逐渐增加到每90分钟1次。从哺乳第10周开始，两次哺乳间隔增加到300分钟。

1.2 哺乳生理学

1.2.1 乳腺的形成

在胎儿发育的早期，其皮肤细胞就开始逐渐发育形成乳腺。在妊娠1个月前，已经可以观察到乳腺的分化，增厚的部分最终会形成乳头。乳头的数量与成年猪的乳腺数量一致。在胎儿发育70天左右，每个潜在的乳腺都可以被看作是一个“芽”，其外部形成乳头，内部形成乳腺导管。这些芽会发育成乳管，并以锥形生长，使它们从皮肤表面凸起，从而形成乳头。

仔猪出生时已经拥有一个无腺体组织的原始导管系统。乳腺在性发育期前是不被激活的。在性发育初期，乳腺在卵巢激素的作用下开始发育，非腺体组织迅速发育。导管形成非常致密的网状结构，主要是基质。

这种发育大多发生在妊娠中后期（妊娠70～90天），此时脂肪和结缔组织（基质）被薄壁组织所取代（小叶–乳腺小泡组织）。从第90天开始，上皮细胞数量最多，乳腺的分泌开始启动。

分娩后，催乳素水平升高，雌激素和孕酮水平降低，导致乳汁分泌增加。仔猪吸乳行为和催产素的作用诱导了初乳和常乳的分泌。

1.2.2 乳腺的解剖学结构

母猪的乳腺从胸骨延伸到腹股沟。并在腹部呈半圆形凸起，每个乳腺都有各自的乳头。

如图1-3所示，每个乳腺都有两个完全独立的管道系统。每个系统有一个小乳池和一个导管。小乳池或泌乳窦是导管的椭圆形扩张，其管壁上有许多纵向褶皱，这些褶皱是通向乳腺管的闭合通道。乳池之间通过乳池壁上的导管相互连通。导管用于排出乳腺小泡内的乳汁。每个乳腺都能独立地运作。

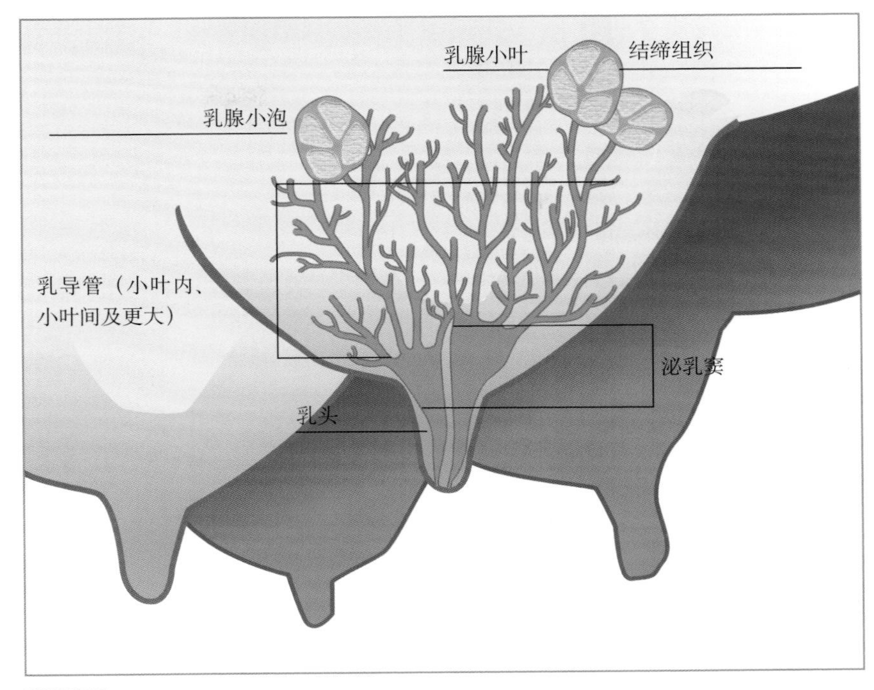

图1-3 乳腺的结构

1.2.3 乳头的数量和分型

母猪的乳头数量因品种而不同。伊比利亚猪平均有10个乳头，杜洛克-泽西猪有10～12个乳头，大白猪和长白猪有14～16个乳头，中国地方品种的猪有18个甚至更多的乳头。

遗传改良技术已使得大白猪和长白猪拥有18个或更多的乳头。最先进的基因选种项目正在致力于选育至少拥有14～16个有效乳头的后备母猪。

母猪乳腺的解剖位置通常是前两对乳腺位于胸部，最后一对位于腹股沟处，剩余乳腺位于腹部（图1-4）。乳腺位于腹中线（在乳房嵴上），具有一定程度的双侧性，但仍有一定比例的母猪有奇数个乳腺。

解剖学和生理学的差异会影响产奶量。机体对前部乳腺或胸部乳腺的供血量比对后部乳腺（腹部或腹股沟）大，导致前部乳腺或胸部乳腺能分泌更多的奶水。并不是所有的乳腺都能泌乳。我们会经常发现倒置和内陷乳头，这些乳头没有腺体或者腺体较短（17%～30%的母猪有一个或多个倒置乳头）。这些不正常的乳头无法泌乳，不同研究者报道其发生率有所不同。

不同胎次和不同阶段母猪的乳头和乳腺见图1-5至图1-10。

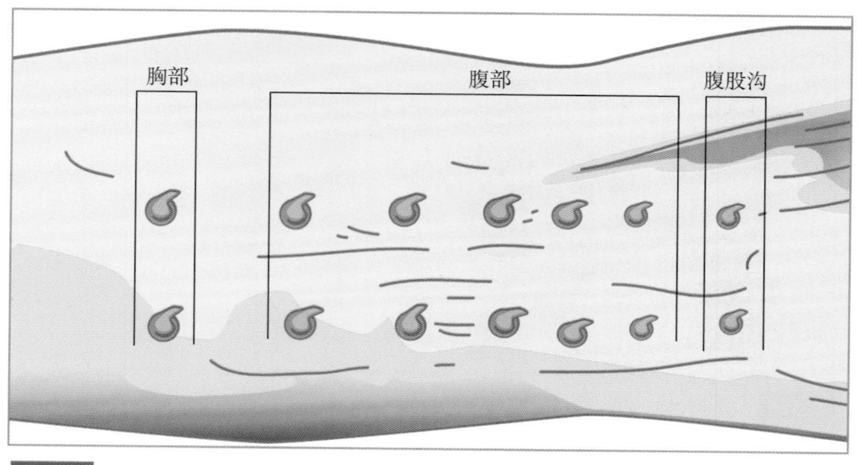

图1-4 乳腺数目及解剖分布。资料来源：改编自Fallo lactacional de la cerda (Barceló, J. and De Paz, X. , 2005)

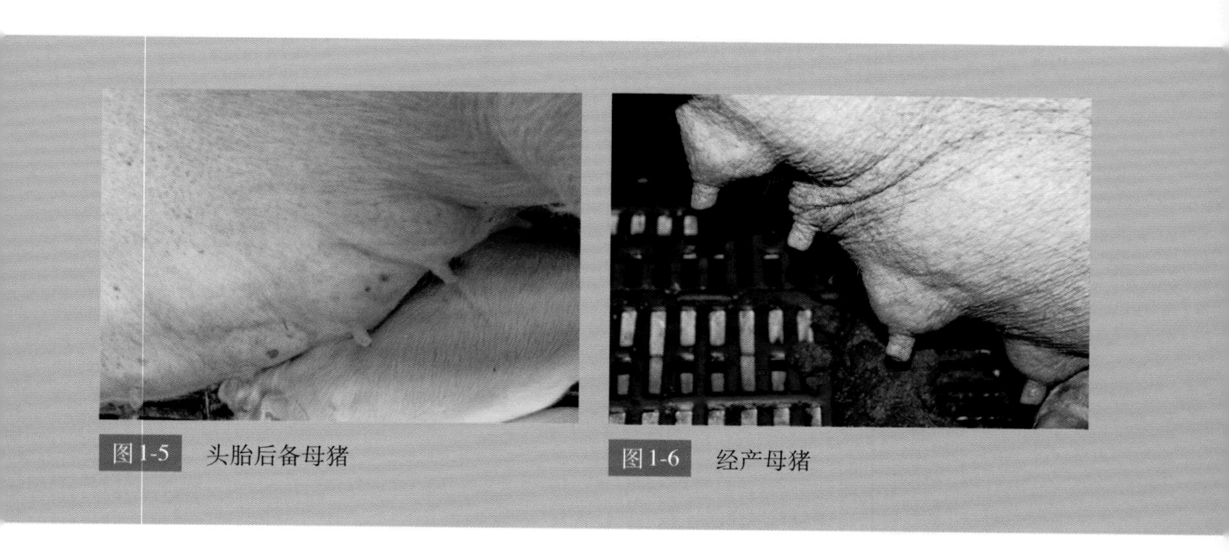

图1-5 头胎后备母猪

图1-6 经产母猪

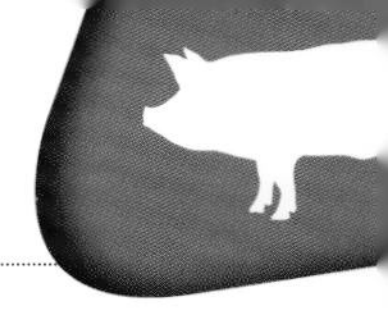

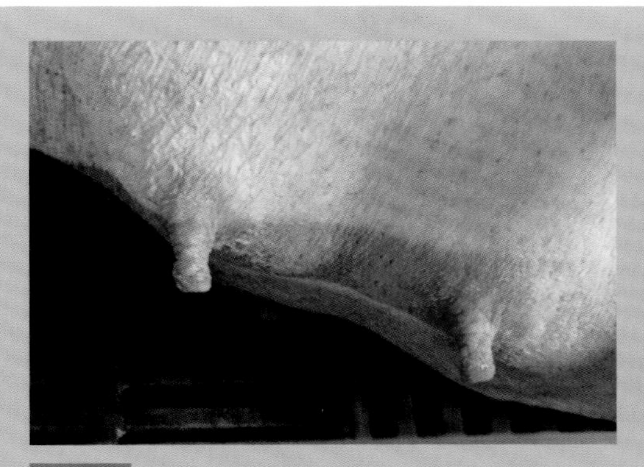

图1-7　哺乳母猪理想的乳头（长而细）

图1-8　即将泌乳的乳头

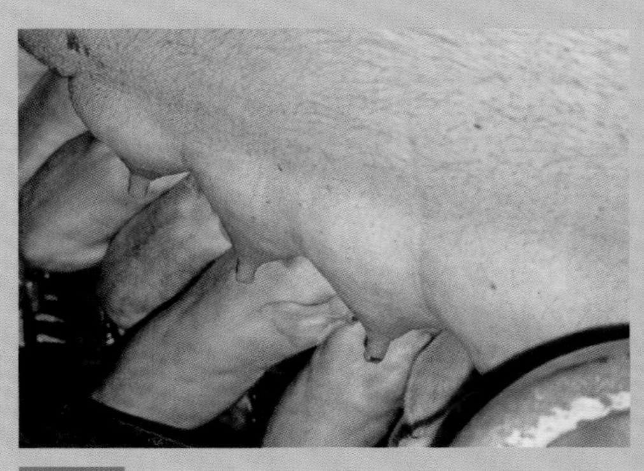

图1-9　哺乳第一周

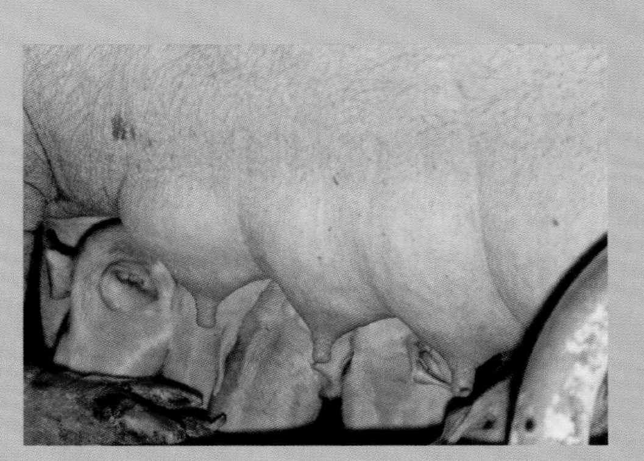

图1-10　哺乳后期

乳汁的产生依赖于仔猪对乳房的按摩和对乳头的吮吸。如果没有仔猪吮吸乳头，没有受到任何刺激的乳腺3天后会退化，这个过程可能是不可逆的。

1.2.4 泌乳内分泌学

母猪乳腺的结构和功能随着母猪日龄（主要是初情期）、性周期（卵泡期或黄体期）和不同的生理阶段（妊娠期、哺乳期或断奶期）的变化而变化。

母猪乳腺每年都要经历2.3～2.5次发育、泌乳和乳腺消退的周期性变化。乳腺在每个哺乳期的发育情况都会影响下一个哺乳期的乳腺功能和泌乳能力。

哺乳期分为两个独立的阶段：生乳或乳汁形成，主要是由催乳素来调节的；排乳或泌乳，主要由催产素来控制。

1.2.5 乳汁形成

妊娠母猪体内的孕酮水平从分娩前的第2周或第3周开始下降，尤其是分娩前的最后2天下降最明显。孕酮水平的降低导致催乳素水平的升高。乳腺大小的增加，主要发生在妊娠的最后3周，在产前三四天达到最大。在产仔前48小时能发现乳头排出乳汁的现象，母猪在产仔前24小时开始分泌初乳。

乳汁形成过程可分为两个阶段，第一阶段是乳汁分泌期，在此期间初乳和乳汁开始分泌；第二阶段是乳汁的生产期，乳汁在整个哺乳期持续生产直到断奶。乳汁开始正常生产是一个重要的开端，这对整个哺乳期至关重要。

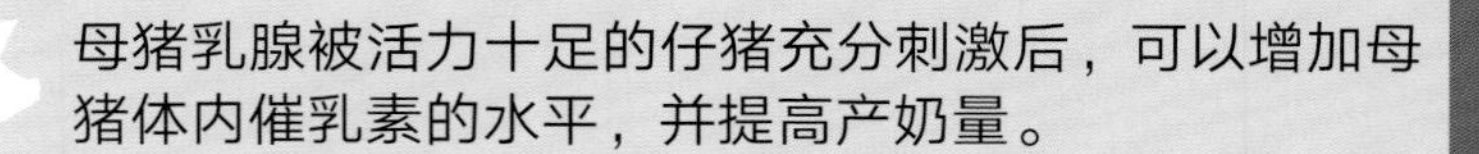

母猪乳腺被活力十足的仔猪充分刺激后，可以增加母猪体内催乳素的水平，并提高产奶量。

1.2.6 哺乳的维持（乳汁分泌）

垂体的激活是母猪维持泌乳和开始分泌乳汁所必需的。整个哺乳期母猪必须持续生产催乳素。仔猪的吸乳刺激使催乳素始终保持在较高水平，从而延长母猪的哺乳期和休情期。

无论什么原因导致仔猪吸乳的刺激变弱(部分仔猪断奶、仔猪过于弱小、仔猪没有吸吮足够的奶水)，都可能使哺乳母猪再次发情。

1.2.7 排乳

当仔猪吸乳时，母猪的下丘脑-垂体轴释放的催产素会促使乳汁排出或流出。这种激素是由仔猪按摩和吸吮乳房引起的神经激素反射诱导产生的。乳腺周边触觉神经元信息通过神经传递到下丘脑-垂体轴传导，从而诱导催产素释放到血液中。这种激素到达乳腺后，引起肌上皮细胞的收缩和乳腺小泡的排空。当仔猪吃奶时，产生的乳汁通过输乳管从乳头流出。

1.2.8 泌乳曲线与泌乳量

母猪的泌乳能力主要取决于仔猪的吃奶能力，并随窝产仔数、哺乳次数、母猪遗传品系、妊娠期和哺乳期的饲喂程序而不同。

计算母猪产奶量的最佳方法是监测仔猪的体重，尽管这种方法得到的数据可能有部分错误。一些研究已经证实，仔猪每增加1千克体重，就相当于生产4升乳汁。因此，如果母猪在分娩后第22天断奶11头仔猪，且平均体重是6.4千克，而出生时的体重是1.4千克，那么母猪在哺乳期总产奶量是220升。也就是说，平均每天能生产10升乳汁。在另一项研究(2009年)中，Collell提到母猪每天最多能生产12升乳汁（图1-11）。如今，有些母猪的日产奶量比这一数字还要高，最高可达每天14升或更多。

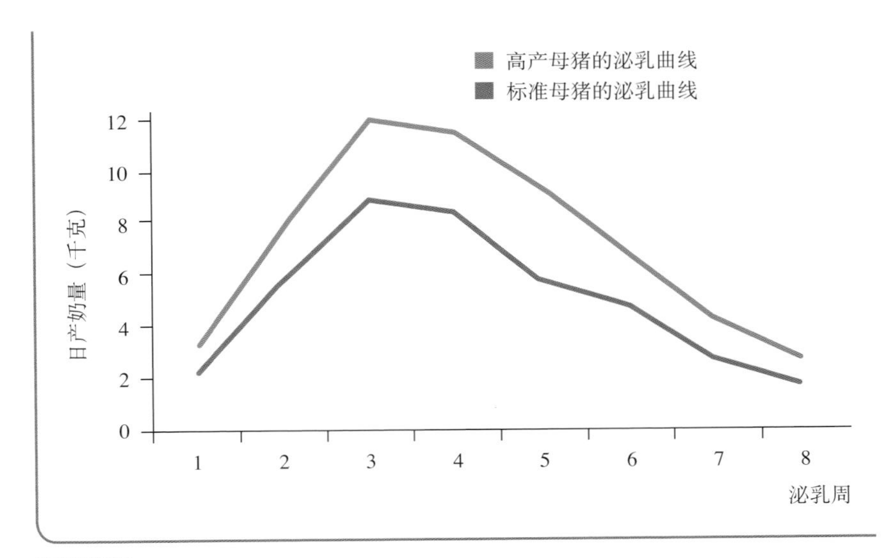

图1-11　标准母猪与高产母猪的泌乳曲线

1.2.9 哺乳阶段

根据仔猪的行为，一个哺乳回合可分为三个阶段（图1-12）。

· 第一阶段：仔猪对母猪乳房非常有力的刺激，促使催产素的分泌。仔猪互相竞争，发出尖叫声。母猪呼噜呼噜地呼唤她的仔猪，同时催产素消退。这个阶段持续1～3分钟。

· **第二阶段**：乳汁摄入或滋养阶段。听到母猪的信号后，仔猪安静地吮吸着乳头，等待乳汁的流出。乳汁一流出来，仔猪迅速地吸吮乳汁（图1-13）。这个阶段只持续10～20秒。在这一阶段，催产素引起乳腺小泡肌上皮细胞的收缩，促使乳汁流出。

· **第三阶段**：包括哺乳后对乳腺的刺激。仔猪吸吮乳汁后，会继续拱奶和刺激乳腺，虽然动作没那么有力，但母猪会变得安静，发出轻微的咕噜声。

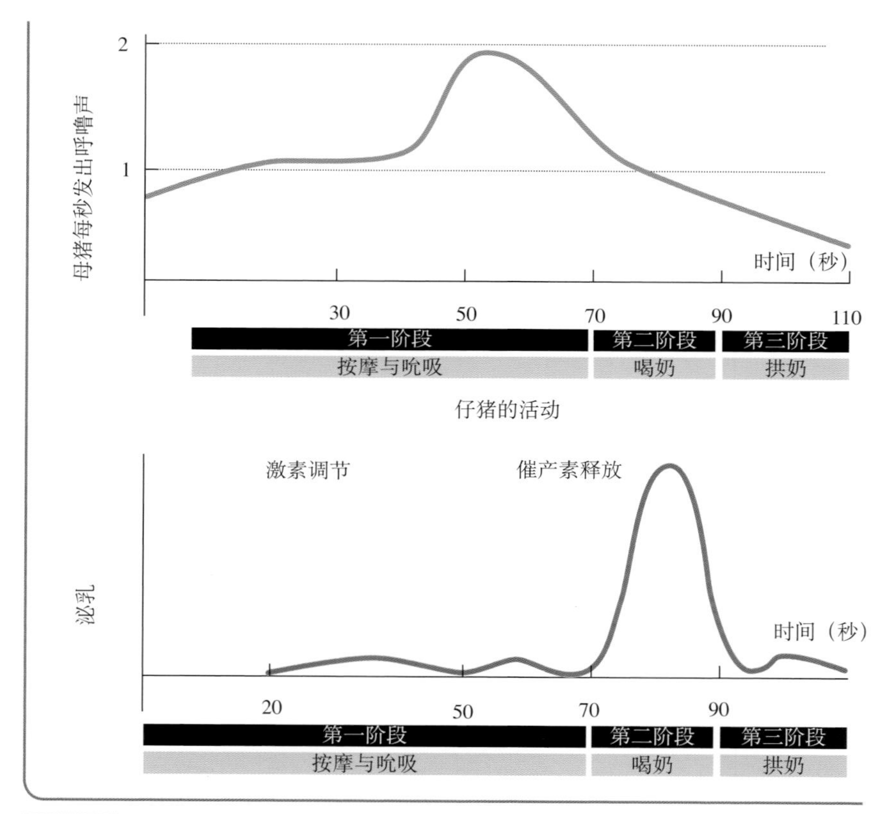

图1-12　泌乳过程曲线。资料来源：改编自Whittemore, C. T. The science and practice of pig production. Harlow Scientific and Technical Editions, Arlington, 1993

依据哺乳回合的发起者是母猪还是仔猪来划分，也可分为三个阶段：

· 在仔猪出生后的前10天，60%～80%的情况下，母猪负责刺激哺乳，因为它们产的奶水超过仔猪所需要的。

图1-13 仔猪哺乳的第二个阶段：乳汁摄入或滋养阶段

· 从哺乳期第30天开始，仔猪需要更多的母乳，但因母猪无法给全部仔猪提供足够的母乳，仔猪刺激哺乳。

· 仔猪出生后第10～30天，还不清楚是母猪还是仔猪诱导哺乳。

1.2.10 初乳的成分

初乳是母猪分娩后乳腺的最初分泌物。具有两个重要的特点：含有丰富的母源抗体（免疫球蛋白）和高营养价值，这对于刚出生、体内没有足够营养物质储备的仔猪来讲是必不可少的。获得初乳后，仔猪在出生后的前几个小时内就不会失去体温。与常乳相比，初乳含有较低含量的脂肪和乳糖；但有高含量的蛋白质（表1-1）。

表1-1 初乳与常乳成分不同

成分差异（克／千克）	初乳	常乳
水分	700	800
脂肪	70	90
乳糖	25	50
蛋白质	200	55
灰分	5	5

资料来源：Whittemore, C. T. The science and practice of pig production. Harlow Scientific and Technical Editions, Arlington, 1993。

仔猪在出生时非常脆弱，由于抗体蛋白无法通过胎盘屏障，仔猪出生时体内没有任何抗体，需要由它们的母亲从初乳中转移过来的抗体（对仔猪存活不可或缺）。对于仔猪来讲，在出生后最初的几个小时内获得抗体是非常关键的。因为仔猪肠道黏膜在出生后可以允许抗体分子通过。然而，在出生几个小时后，肠道黏膜的渗透性降低，从而阻止抗体通过肠壁进入体内。如果一头仔猪没有获得母源抗体，它很有可能非常容易遭受外界病原的感染。

初乳会诱导仔猪消化系统的发育。此外，初乳还比较容易消化，也有轻微的通便作用，可促使粪便快速地从消化道内排出。母猪初乳的产量变化很大（从2升到6升），从分娩开始一直持续到开始哺乳后18～24小时（图1-14）。每1次排乳，分泌30～100毫升初乳。仔猪每隔10～20秒，在不需要拱乳腺的情况下就能毫不费力地喝到初乳。

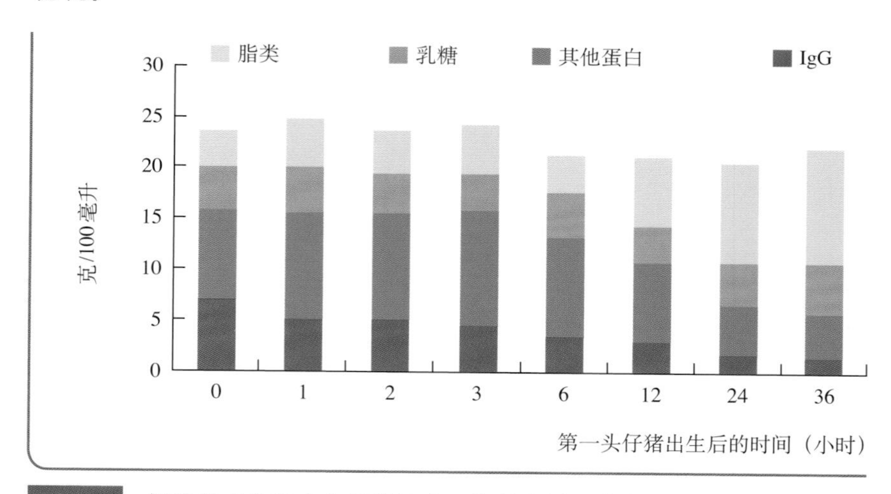

图1-14 初乳的成分和出生后的演变。资料来源：改编自Le Dividich, INRA, 2006

1.2.11 常乳的成分

母猪常乳的功能就是喂养所产的仔猪，这对仔猪出生后第1周的存活至关重要。

母乳的特点：

· 适口性好：增加摄入量，同时有利于消化道发育。

· 营养物质消化率高（营养物质主要是脂肪和酪蛋白）：对新生仔猪有帮助。酪蛋白能为仔猪骨骼生长提供所必需的钙。

· 乳糖含量高：有利于肠道菌的增殖，如乳酸菌等。另外，乳糖转变为乳酸也有助于降低胃内的pH。

· 高含量的生长因子、维生素和矿物质。

在仔猪出生后的前几天，母猪会频繁地分泌乳汁，乳汁的分泌也会随着仔猪消化能力的改变而调整。初乳和常乳的成分差异很大，如：蛋白质、乳糖、抗体等（表1-1）。

1.3 哺乳仔猪生理学

1.3.1 出生到断奶的死亡率

由于仔猪生理学特性，在出生时就具有明显的生理性缺陷，导致猪具有高死亡率。这些生理缺陷也阻碍了仔猪在出生后24～72小时内适应新的环境。

低初生重的仔猪与成年猪相比，出生时没有毛发提供的保护层，并且只有一层很薄的皮下脂肪。此外，体内几乎没有储存的能量可供出生后立即使用，这是新生仔猪最主要的生理缺陷。另外，仔猪与成年猪相比还具有更大的相对体表面积。以上情况最终致使初生仔猪身体本身隔热保温能力很差，出生时没有一个完善的体温调节系统。这些因素共同导致很多仔猪死于体温过低。

根据西班牙生猪生产数据库的参考数据（BDporc，2013），在一个超过6万头母猪的养殖场中，仔猪从出生到断奶的平均死亡率为12.14%。在生产管理优秀的猪场中，这一数字可能会下降到4%～5%。

影响断奶前死亡率的主要因素是：

· 仔猪的初生重、免疫水平、品种和基因等与仔猪相关的因素。

· 胎次、体重、母性、泌乳能力、窝产仔数等与母猪相关的因素。

· 设施、劳动力、饲养管理、饲喂和环境温度等与环境和生产系统相关的因素。

产房中70%～80%的哺乳仔猪死亡发生在出生后的前3天。

1.3.2 等级秩序

几乎在所有的群居动物中都发现了主导与从属关系。主导的概念涉及两个个体之间不对称关系，主要表现在两个方面：在竞争同一资源（如最好位置的乳头）时，处于从属地位的往往会受到更多的侵犯，而占据主导地位的在大多数情况下能获得机会。

> **在出生后的前几天，仔猪会相互竞争以获得特定的乳头。**

在出生后的前3天，仔猪开始争夺最好位置的乳头并建立一个等级秩序，这些决定了它们可以吸吮哪些乳头（图1-15和图1-16）。

简单地讲，这一竞争过程分为四个阶段：

（1）**寻找乳头** 这一阶段的竞争会在新生仔猪围绕母猪爬动时开始，在获得第一个乳头时竞争结束。

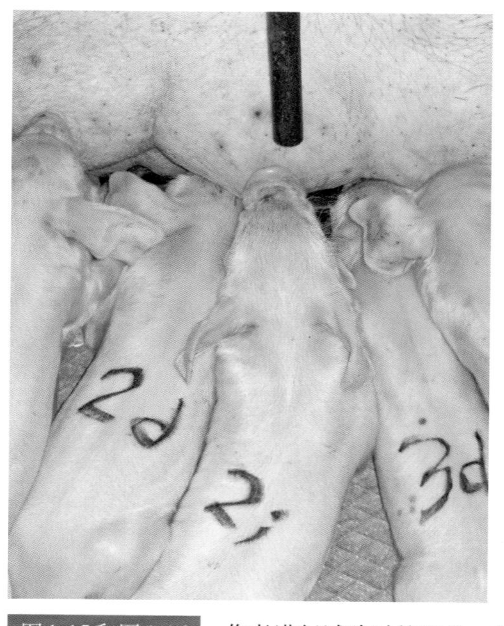

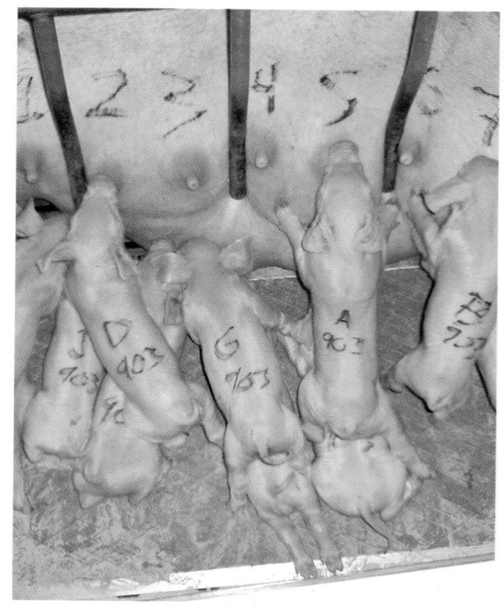

图1-15和图1-16 作者进行试验时的图片，将乳头和仔猪用数字标记，观察这些仔猪是否只吃固定的乳头

（2）**挑选乳头** 仔猪会从一个乳头挪动到另一个乳头，期间会开始尝试将同窝仔猪拱离它们的位置，以此挑选合适的乳头。

（3）**争夺乳头** 一旦仔猪选定了某一乳头，就不会离开这个乳头。仔猪会拉、压和保护乳头，也会撕咬和用身体推挤试图靠近的其他仔猪。这种打斗行为会随着时间的推进而逐渐减少，一旦等级秩序确立后就会消失，最终一头仔猪将总是吸吮同一个乳头或者最多只吸吮同一对乳头。当然，最强壮的仔猪会挑选产乳最多的乳头。

（4）**固定乳头** 一旦一头仔猪挑选好一个乳头，它将在整个哺乳阶段只吸吮这个乳头。这一阶段称为固定阶段。当使用交叉寄养技术或者奶妈猪时，为了避免为建立新的等级秩序带来的新的斗争，需要考虑每个仔猪的哺乳位置。

猪是一种等级分明的动物。从出生开始就可建立可一个严格的等级秩序，决定整个哺乳期的行为模式与管理实践，这一秩序将贯穿其一生。

1.3.3 玩耍

虽然仔猪大约80%的时间在睡觉和休息，剩余的时间多用来进食，几乎每小时吮乳一次，但仔猪喜欢玩耍、嬉戏。

虽然一些作者不认同这种观点，玩耍看似无用，但是这并不意味着玩耍对于猪的个体发育没有积极的作用。玩耍对于成年猪来讲，是一个学习或者训练的方式，当然这一观点目前并没有足够的试验数据来证明。另外，一些假设认为仔猪阶段的玩耍对成年阶段的应激反应有长期的影响，即：仔猪阶段玩耍的越多，将来会遭受应激的影响越少。此外，玩耍也是猪的福利和健康的标志，因为生病的仔猪不会玩耍。

1.4 断奶生理学

1.4.1 断奶母猪的激素变化

母猪在整个妊娠阶段体内维持高水平黄体酮（孕激素）会刺激乳腺的发育，尤其是配种后70～90天（这一时期也是乳腺快速发育的阶段），但同时也抑制乳汁的分泌。

分娩之后，母猪体内黄体酮水平下降，同时脑垂体释放催乳素。脑垂体对于维持哺乳和启动泌乳至关重要。此后，仔猪持续的吸吮刺激也会维持催乳素和脑垂体分泌的催乳类激素处于高水平，这些激素使哺乳期得以维持。

1.4.2 断奶日龄

在过去的30年中，在主要的养猪国家，养猪业在改进生产效率的持续竞争压力下，仔猪的断奶日龄也逐渐降低。在多数生产效率高的生猪养殖国家，断奶仔猪的平均日龄为21～24日龄。

随着蓝耳病（猪繁殖与呼吸综合征）的出现以及猪批次化生产的普及，母猪哺乳超过21天可能会带来健康问题，断奶仔猪的平均日龄被大幅缩减至18～20日龄。然而，目前随着高产品系母猪的出现及寄养技术的应用，以前的断奶日龄有所变化。现在开始将断奶日龄增加至28天，这样仔猪能够在断奶时获得适当的体重，母猪子宫复位也能达到最佳状态。

1.4.3 断奶体重与生长曲线

仔猪的断奶体重主要取决于断奶日龄和母猪的泌乳能力。此外，还取决于仔猪初生重以及是否有健康问题（如大肠杆菌性腹泻等）或者环境问题（低温、贼风等），特别是在出生后前几天。仔猪5～25日龄的生长曲线见图1-17。

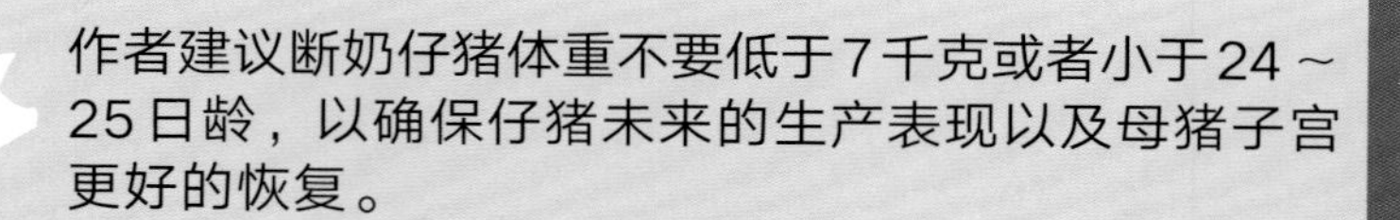

仔猪在分娩舍内的生长非常迅速。在出生后4周内，它们的体重可以增长到初生重的5倍。因此，初生重1.45千克的仔猪在28日龄时均重能超过8千克。

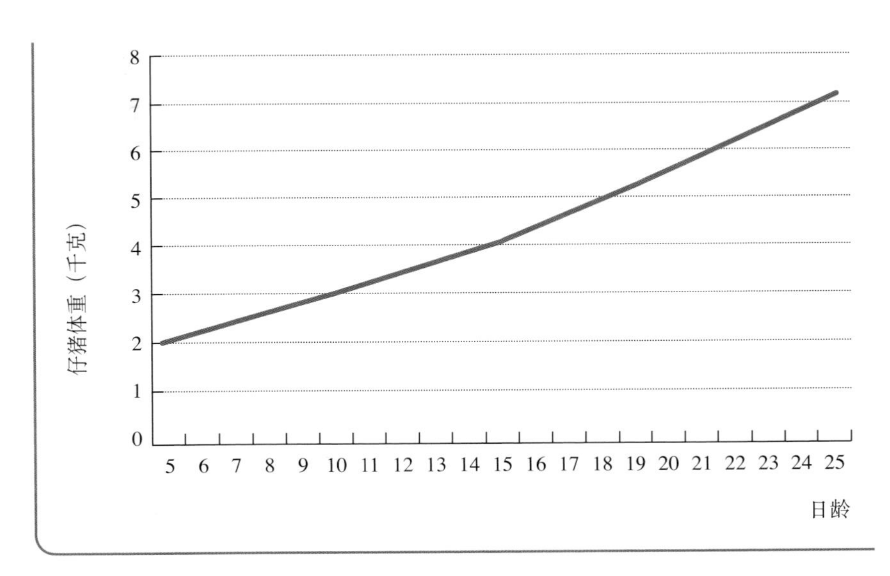

图1-17 仔猪5～25日龄的生长曲线。21日龄断奶仔猪的均重为5～6千克；28日龄断奶仔猪均重为7～9千克

刚断奶仔猪在断奶后2天内会丢失掉体重的10%。

1.4.4 仔猪断奶与应激

断奶时，仔猪会面临三方面的巨大挑战：

（1）第一个挑战是仔猪食物成分和饲喂方式的巨大变化。从周期性摄入液体食物（乳汁中含20%干物质，干物质中富含30%蛋白质、40%脂肪、25%乳糖，不含淀粉），改为之前从未采食过的可自由采食的干料（含88%的干物质），引发仔猪的消化道经历一个重要的转变，由消化脂肪转变为消化复杂的碳水化合物。

（2）第二个必须面临的挑战是仔猪身体和环境条件的改变。它们已经适应了在分娩栏中跟母猪和同窝仔猪的生活，但是现在必须学会离开母猪且跟其他更多的仔猪分享生活空间。

（3）第三个挑战是仔猪被转移到一个不同的环境且跟其他仔猪（常包括其他猪场的猪）混群后带来的精神压力。同时也会导致仔猪为了重建等级秩序而进行更多的打斗。

这些变化最终导致仔猪在断奶后2天内丢失大量的体重（超过10%的体重）。此外，直到断奶后7天，仔猪采食才能恢复到与产房采食乳汁和开口料相当的饲料摄入量。

仔猪断奶时，刚断奶的母猪会发出特征性的、响亮的呼噜声或叫声。母猪叫声的频率往往在刚分开时以及哺乳天数在3周或更短时间时会更高。

2 哺乳期的环境控制

2.1 引言

尽管目前可再生能源的使用和新技术的应用得到了发展，但猪场的能源成本在未来很可能持续升高。此因素将影响同一国家的不同猪场以及不同养猪国家之间的竞争力。产房使用自动环境控制系统是十分必要的，它保证了猪能够最大限度地发挥生产潜力，并把能源成本降到最低。

此外，要牢记产房屋顶和外墙的隔热能力是避免冬季热损失和夏季热过剩的关键性因素。

2.2 良好环境控制的关键

目的是给母猪和仔猪提供最佳的环境舒适度（图2-1）。首先，必要时需要在加热和降温系统的辅助下满足猪的热舒适需求，同时也不能忽视室内的通风换气，依靠通风系统提供氧气，清除有毒有害气体以及除湿。这可能看起来简单，但在实际操作中非常复杂，因为母猪的热舒适需求和仔猪尤其是新生仔猪是完全不同的。

此外，可利用测量设备测定室内和躺卧区的温度、室内进气速度、相对湿度等数据，但它们不能提供与猪的实际热舒适感觉相关的信息。对于仔猪，热舒适感觉因不同地面类型（全漏缝地板或躺卧区的实心地面）、加热系统（地暖或保温灯）、仔猪身高高度的风速等而有显著差异。这些影响因素与母猪的基本类似（地面类型、热源与母猪头部的距离等）。

因此，准确计算母猪、仔猪的环境需求，并确保加热、降温和通风系统能够很好地根据产房类型、体积以及猪场当地的气候条件进行设计，这是非常重要的。另外，还可使用一些常规控制系统，以确保猪的长期环境舒适度。

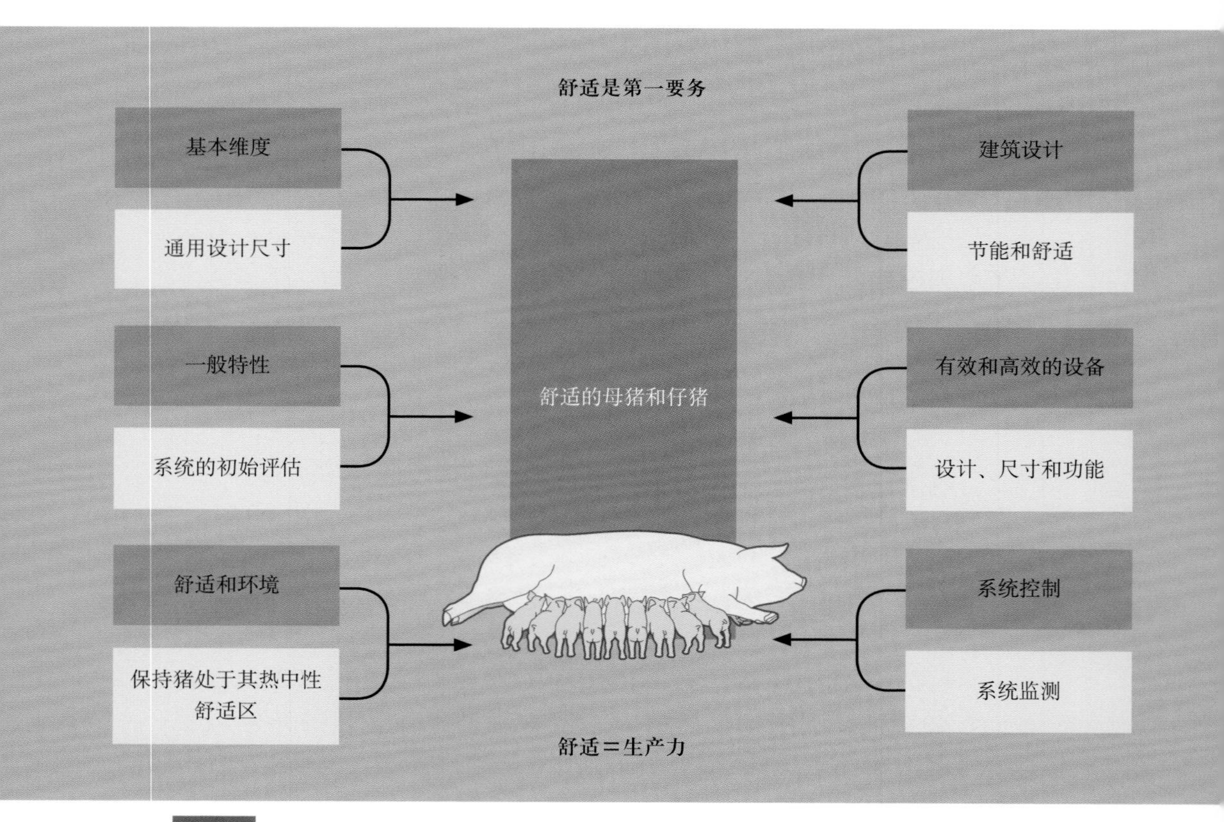

图2-1　舒适是环境控制的首要目标。资料来源：Escobet, J. Climatización de la transición, 2013

2.3 产房的热舒适

猪是恒温动物，但与人及其他动物不同的是，它们几乎不出汗。它们调节体温的方式是通过提高呼吸频率（即喘气）来散热，或者在冷时提高采食量和代谢来维持体温。通过增加运动（移动、颤抖……），可以增加产热。所有这些都要消耗能量，所以与生产表现参数呈负相关。

恒温动物通过以下几种方式与环境进行热交换：

· **传导**：发生于动物与其接触的表面之间存在能量交换时。例如：母猪觉得热，就侧躺在产房地面上，从而扩大接触面，散发多余热量。反之，如果觉得冷，就将趴卧在地面或坐在其腿上以减小接触面。物体间的热传递特性对于帮助母猪调节自身体温非常重要。因此，建议在产房应在母猪身下设置铸铁板。

· **对流**：这是指动物体表与周围空气之间进行的热交换。这解释了必须确保环境温度与动物的最适温度相匹配的原因。利用通风系统控制风速就是依照此原理。夏季增加通风，以便在母猪身高高度风速较好，使其能与环境交换更多的热量；冬季气温低时，减少通风以避免较强的贼风。

· **辐射**：电磁辐射可产生热效应。电磁波传导至母猪周围的物体上。电磁波被吸收的部分再转换为热量。当冷天且通风率低时，这种转换能起到和对流几乎一样重要的作用。

· **蒸发**：当环境温度高且与母猪体表温度差别不大时，母猪便使用此机制降温。母猪提高呼吸频率，使水蒸气通过喘气散发出去。蒸发在环境相对湿度较低时更加有效。

2.3.1 母猪的热舒适

前述所有的热交换方式都需要消耗能量以产生或减少体热。目标是室内环境温度必须尽可能维持在母猪的热舒适区（TCZ），以保证母猪用最小的能量消耗来调节体温，并达到更好的生产效率（图2-2）。

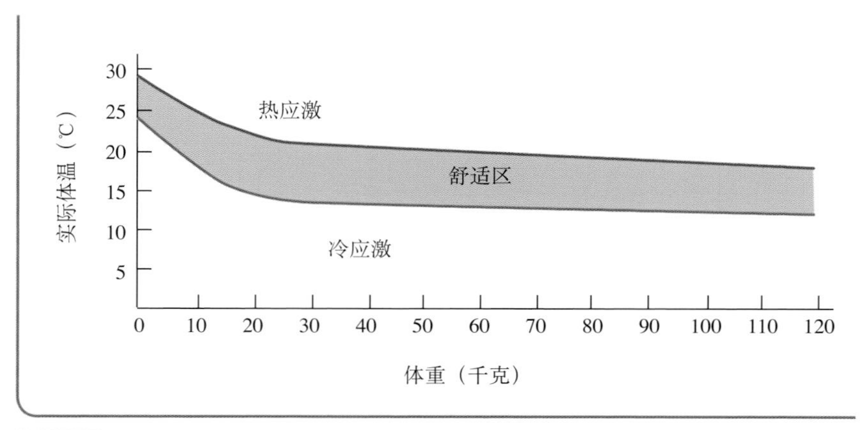

图2-2 猪的舒适温度随体重的变化曲线。资料来源：McFarlane, J. Temperatura efectiva del entorno y confort. Suis, 2004

当母猪不需消耗能量以产热或降低体温时，它们就处于其热中性区（TNZ）。

2.3.1.1 冬季（寒冷季节）

当产房环境温度降到特定水平以下时，母猪增加采食量，并提高基础代谢率以产热维持体温。当这一机制运作时，就达到了下临界温度（LCT）。

如果此情况仅偶尔发生于寒冷冬季，那么产房安装额外的加热系统就不合算了。然而，在可能出现极端低温的地区，在室内安装提供额外热量的系统是必要的。这些系统包括暖风机，主要过道上的热水散热器，或者靠近房间入口处的三角管。

能源成本总会低于额外采食所增加的成本。最危险的情况是哺乳母猪调动其体脂储备来产热，这会影响仔猪发育和母猪未来的生产水平。

2.3.1.2 夏季（炎热季节）

当室内环境温度超过特定水平时，母猪开始启动防御机制。它们主要通过提高呼吸频率和出汗使水分蒸发散热，力图维持体温。此时，就达到了蒸发临界温度（ECT）。

如果环境温度继续升高，就会出现一个母猪不再能阻止体温升高的点。这个点被称为上临界温度（UCT）。从这个点开始，体温迅速升高，将导致猪的死亡（图2-3）。

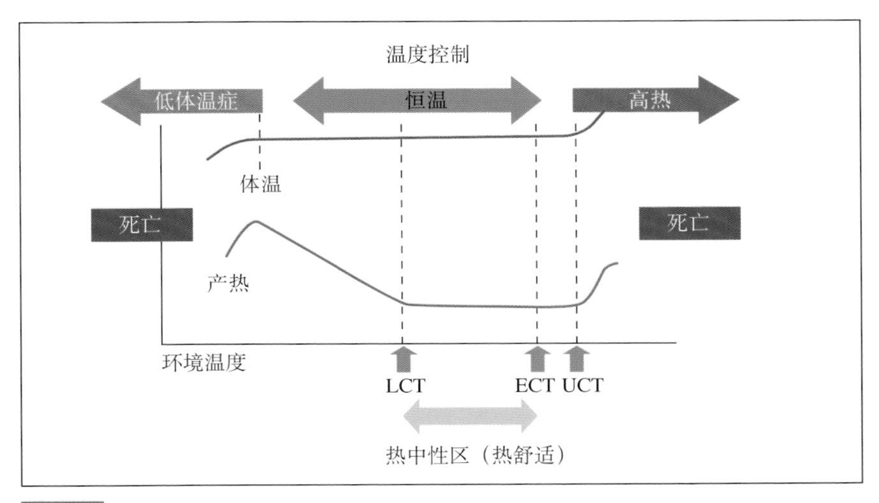

图2-3 体温调节。资料来源：Collell, M. Manejo del calor, 2009

被认为可改善热舒适度的因素

- 屋顶和外墙隔热。室外温度变化范围越大，产房的隔热水平就越重要。设计猪舍时合理的计算和安装材料的选择可以显著降低未来维持室内舒适温度的能源消耗。
- 通风系统的调节。应避免极寒天气下的过度通风。需要定期检查通风设备（清洁传感器、进风口……）。
- 应确实密封门、窗、烟囱等。这是防止室外冷空气进入的必要手段。

2.3.1.3 保证母猪热舒适的系统

母猪处于炎热环境会产生应激，采食量降低，并调动身体储备能量维持泌乳。然而，它们的泌乳量还是会剧烈下降，仔猪存活率和断奶重显著降低。此外，断奶仔猪体况恶化，母猪下一胎的繁殖表现也会变差（发情不明显、低排卵率、高返情率、胚胎死亡……）。

从23℃（ECT）起每上升1℃，母猪采食量减少170克（100～300克）。泌乳量和仔猪断奶重降低，母猪体况恶化。

炎热季节必须在产房安装和使用降温系统以降低环境温度。降温系统是通过将水汽未饱和的室外空气与液态水或水雾混合而发挥作用的。空气和水的分压差让水以蒸汽形式进入空气，从而降低了引入室内的空气温度。这一技术被称为“蒸发冷却”。在外界相对湿度较低时效果更好。养猪生产中最常用的降温系统是高压喷雾系统和湿帘。

2.3.1.3.1 高压喷雾系统

该系统由高压水泵和装有特殊喷嘴的管线（喷嘴与管线最好为不锈钢管材质）组成，以很细小的水滴向外喷水。水滴悬浮在空气中，室外空气进入后与其接触并使其蒸发，从而升高相对湿度，降低温度（图2-4）。

精确计算压力、水流、所需喷嘴数量和间距等非常重要，以确保水在到达地面之前可蒸发完全。对于大的产房，可能需要安装两套平行管线，但其之间需要足够的距离，以防两条管线喷出的水滴在空中相遇形成大水滴落到地面上。为避免上述情况，同一排管线的相邻喷嘴之间的距离也应足够。

降温效果取决于水滴大小，而水滴大小由水压和喷嘴直径决定。产房常用的水压是300～600千帕，水流速是4～8升/小时，产生的水滴直径是40～100微米。

管线尽可能高的安装在室内靠近进风口的地方。安装位置应尽可能高，取决于进风口的高度（图2-5）。

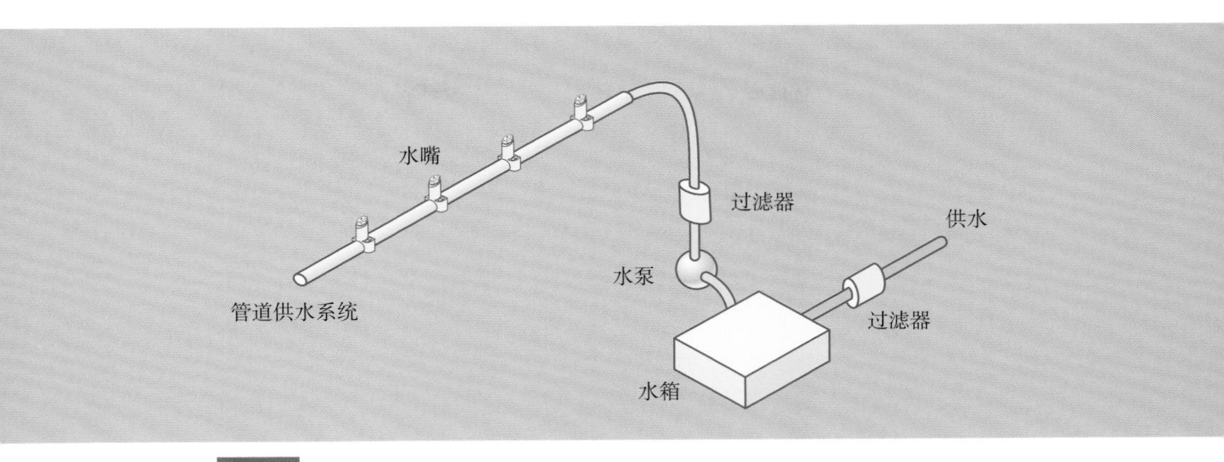

图2-4 高压喷雾系统。资料来源：Blanes-Vidal, V. and Torres, A. G. Diseño y evaluación de la calefacción y de la refrigeración. In：Forcada, F et al. Ganado porcino. Diseño de alojamientos e instalaciones. Zaragoza：Servet, 2009

图2-5 窗户上端的高压喷雾系统

可根据室温设定喷雾系统的持续工作时间。气温升高时，“开启”状态相应延长，与自动“停机”交替工作。

必须对高压喷雾系统定期检查和适当保养（清洁喷嘴、控制水压……），以避免效率降低。有必要使用过滤器清除已进入高压水泵内水中的杂质，避免污垢堵塞喷嘴。在水质较硬的地区，应使用软水剂（注入盐、酸或其他物质）。如果不这样做，钙很快会堵塞喷嘴口。

2.3.1.3.2 湿帘

根据通风系统的设计，湿帘可安装在猪舍走道（外墙或屋顶）的进风口处，或直接安装在猪舍的进风口处（图2-6和图2-7）。管道系统通常是不锈钢或PVC的，连接水箱形成回路。可以一个湿帘配一个水箱或者（通常）一个水箱配多个湿帘。湿帘上端是有洞的水管，水从里面流出淋湿湿帘。湿帘底部收集流水并泵回水箱。

与前述系统一样，热空气进入时与湿帘接触，湿帘收集水汽并通过蒸发冷却降温。

图2-6 外墙上的湿帘降温系统

图2-7 走道天花板上的湿帘

常见的湿帘是由化学处理过的纤维素制作的，其他材料也可以，如：玻璃纤维、PVC、刨花、铝等。湿帘的效力取决于其厚度和空气穿过的速度。为了达到最佳效果，需要淋湿整个湿帘表面，以增加因排风扇的抽吸效应进入室内的被冷却空气的量。湿帘厚度不同，室外空气通过的时间长短也不一样。增加或减少与水接触的时间，会提高或减弱降温效果。太厚的湿帘会阻滞空气的通过，需要猪舍内安装功率更大的风扇，从而增加设备采购成本与运行的能源成本。

应精确计算气流速度，如果空气通过湿帘的速度很慢，就不会形成湍流，只有很少的空气与水接触被冷却。反之，如果气流速度太快，进入的空气只与水接触很短的时间，不能充分降温（表2-1）。

实际上，最常用的湿帘是由化学处理过的纤维素制作的，厚度10～15厘米，最大进气速度1.25～1.75米/秒（取决于厚度）。湿帘的宽度和高度也受空调系统设计的影响，但应该保证气流的均衡性。确定湿帘尺寸时，需计算前述的所有变量，包括设备非最佳运行状态的情况，基于平均发挥80%的效力来计算。这样可以保证湿帘在高温或高湿等不良天气条件下，仍能发挥最大效力（表2-2）。

与前述的系统相同，湿帘、水泵和管线系统的适当保养十分必要，可以保证湿帘的正常运行，并避免长期使用后的效率降低。需要安装过滤器和合适的软水系统。杂质和钙的累积会降低湿帘的效力。另外，为了保证降温系统的正确运行，必须与猪场安装的其他环境控制系统协同工作。

表2-1 推荐的平均风速、最小水流速度和最小水箱容量

湿帘材料和厚度	通过湿帘的风速（米/秒）	湿帘水平面的最小水流速度[升/（分钟·米）]	湿帘所需的最小水箱容量（升/米^2）
刨花（白杨木）湿帘厚度：5～10厘米	0.75	5	20
化学处理的纤维素湿帘厚度：10厘米	1.25	6	30
化学处理的纤维素湿帘厚度：15厘米	1.75	10	40

资料来源：Blanes-Vidal, V. and y Torres, A. G. Diseño y evaluación de la calefacción y de la refrigeración. In：Forcada, F. et al. Ganado porcino. Diseño de alojamientos e instalaciones. Zaragoza：Servet, 2009。

表2-2 通过蒸发冷却湿帘（80%效力）后空气的温度下降

	室外相对湿度（%）							
	35				50			
室外温度（℃）	25	30	35	40	25	30	35	40
进入空气所降低的温度（℃）	−8.5	−10	−11.5	−12.5	−6	−7	−7.5	−8.5

资料来源：Blanes-Vidal, V. and Torres, A. G. Diseño yevaluación de la calefacción y de la refrigeración. In：Forcada, F. et al. Ganado porcino. Diseño de alojamientos e instalaciones. Zaragoza：Servet, 2009。

选择哪种降温系统取决于地理因素（环境湿度、温度……）和通风系统的设计以及控制方法。在现代化猪舍中，还安装了测量相对湿度的传感器，以便湿度达到75%～80%时，降温系统停止运转，直到湿度降下来。同样的，当使用不同的测量方法监测到产房内温度高于阈值时，环境控制设备会自动打开降温系统。通常当产房内温度超过25～26℃或室外温度高于28～30℃时会依照设定的程序自动开启。产房内不同日龄仔猪的温度需求见图2-8。

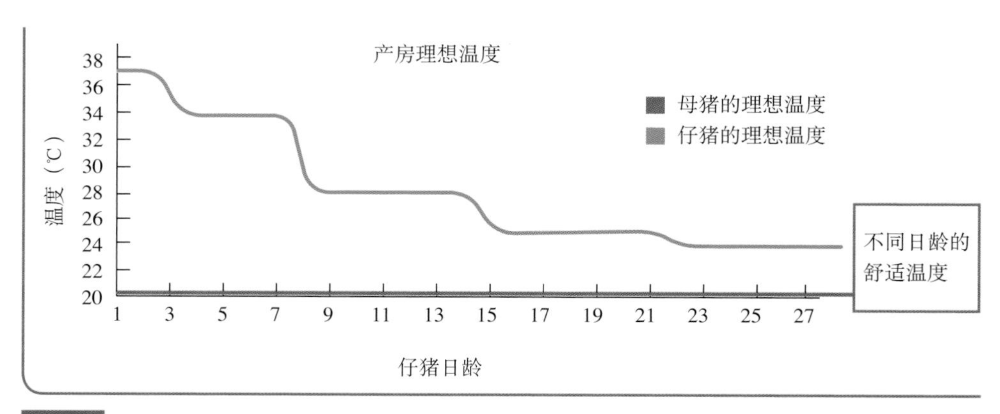

图2-8　不同日龄仔猪的温度需求。资料来源：Casanovas, C. www.3tres3.com, 2011

此外，控制系统有一个加速曲线，当环境温度超过蒸发临界温度（ECT）时，可以逐渐增加与湿帘接触的空气量或水雾量，直到100%风速。例如，室内温度25～27℃时，降温系统启动，但是可能间歇性开机或停机。当温度超过27℃时，它们将持续运行。

在环境相对温度很高的地区，蒸发降温系统并不十分有效。在这些地区，可以安装滴水降温系统，当母猪躺卧在产床上时，把水滴在其颈部。这些系统通常滴水与关闭交替运行。滴在母猪皮肤上的水分蒸发，带走多余体热，使母猪有更好的温度感。但是，这种系统的效力远低于前文介绍的其他系统。

滴水降温系统推荐

- 每头母猪每小时需300毫升水。
- 滴嘴的流速应为3～3.5升/小时。
- 建议工作周期是开1分钟停10秒。
- 重要的是保证水不会滴到躺卧区。

2.3.2 仔猪的热舒适

产房仔猪的热舒适需求与母猪完全不同，尤其是刚出生时和出生几天内。母猪的舒适温度是16～20℃，而仔猪的下临界温度是32～35℃。因此，不可能仅依靠环境温度来满足仔猪的需求。有必要在产床上为其安装一个额外的加热区。通过这种方式，有可能达到仔猪最佳的热舒适区，并减少断奶前死亡造成的损失。

有必要区分环境温度和体感温度。例如，即使为产房母猪和仔猪设定了正确的目标温度值，还是可能见到仔猪扎堆或发抖；或者可能散布在加热区之外。出现这一矛盾的原因是它们的体感温度和实际环境温度不符。这是因为体感温度会受除环境温度之外的其他因素影响。这些因素详述如下：

· **环境的相对湿度**。除了仔猪皮肤相对湿度的影响会引起潜热流失（仔猪出生时皮肤潮湿，会通过皮肤损失大量的热量，这就解释了为什么仔猪出生后要尽快擦干）外，较高的环境相对湿度和高环境温度协同作用，会引起更热的体感，对于仔猪而言，会导致特定疾病的发生。反之，湿度太低（低于40%）可能引起黏膜干燥，导致刺激性咳嗽和采食量减少。

· **地面类型**。根据地面的材料不同，动物体表和地板间的热传导也不同（表2-3）。相对于金属（铁）漏缝板或实心水泥地面，产床使用塑料漏缝板能为仔猪提供更好的舒适度。另外，这些地面在仔猪发生腹泻时也相对干净，更有利于批次之间的清洗和消毒。

· **空气流速**。仔猪高度上的风速增加时，仔猪的冷感增加（表2-3）。

表2-3　不同地面类型和风速下仔猪的体感温度

地面类型	室外温度（℃）	空气流速	气温（℃）
湿润的混凝土漏缝板	−10	0.2（米/秒）	−4
铁漏缝板	−3	0.5（米/秒）	−7
水泥漏缝板	−2	1.5（米/秒）	−10
全实心地面	−1		
塑料漏缝板	0		
锯屑	1		
稻草	4		
刨花	5		
纸垫	5		

资料来源：Faccenda, 2006. In：Sanjoaquín, L. Manejo de la cerda hiperprolífica. Zaragoza：Servet, 2014。

· **出生重和活力**。体重大和活力更好的仔猪出生后立即开始活动和吸吮初乳。它们的下临界温度比更小的和更弱的仔猪下降更快。产房工人应为更小的和更弱的仔猪提供额外的热源，帮助它们摄入初乳，以增加其存活机会（图2-9）。

· **健康因素**。大肠杆菌性腹泻早期，仔猪变得虚弱、肮脏和潮湿，需要更多的热量和护理。无乳或患子宫炎的母猪也需要较高的温度。

所有影响仔猪体感温度的因素，反过来都会影响它们的行为。正常条件下，当仔猪不吸奶时，它们应侧卧在加热板的躺卧区。如果它们挤在一起或趴卧，说明它们冷。但是，如果它们离开躺卧区或在加热板边缘，则它们可能太热了（图2-10）。最佳环境下，仔猪应该侧躺，并散布在整个加热板表面（图2-11）。

为确保仔猪的热舒适，需要为其准备加热区，尤其是在产床上。

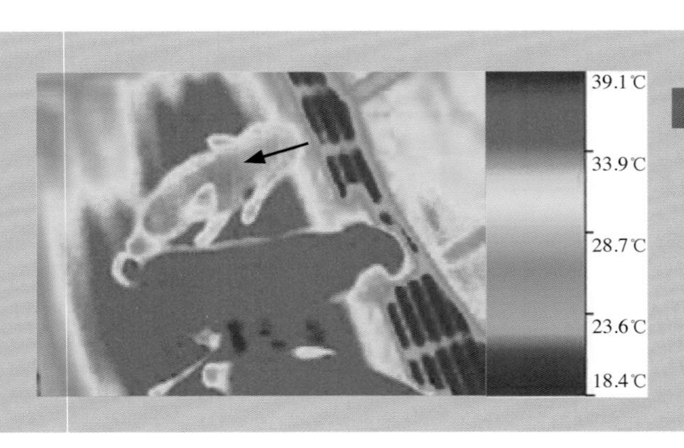

图2-9　热成像仪下的新生仔猪低温症（箭头）。图片由Fernando Forcada提供

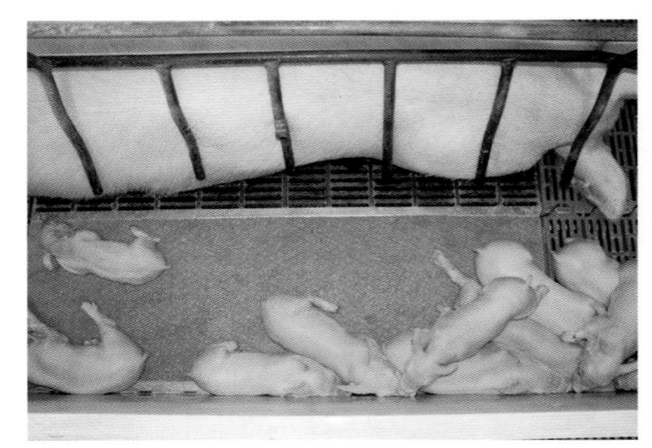

图2-10　仔猪远离加热板（它们感觉热）

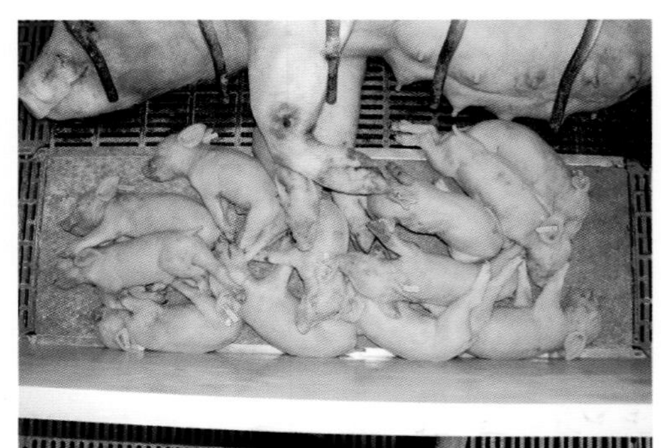

图2-11　温度适宜时，仔猪躺卧在加热板上

2.3.2.1 确保仔猪热舒适的系统

2.3.2.1.1 加热板

这是现代全漏缝地面猪场最常见的系统。它们由不同材料制成，最常见的是不锈钢、塑料和聚合物，因为这些材质舒适、耐磨且易清洁。加热板表面不能粗糙，但是必须有花纹，以防仔猪滑倒。加热板的下面部分应使用绝缘材料，避免朝向地沟一面的热量流失。

电热板和水热板都是可以使用的。关键是热量必须在板表面分布均匀，这样就可以平均地用于整窝仔猪。

- **电热板**。电热板表面下方有电阻，并具有交替开启-关闭的开关。为了发挥合适的功能，需要连接稳压器或者脉冲宽度调幅器以保证随时都可以适当地调节表面温度。在产床较少的小产房内，通常每间产房一个稳压器；但在大产房内，为了避免能源浪费，建议每一排一个稳压器。建议每一个或两个电热板安装一个独立开关，以便根据每头母猪的预产期开启电热板。
- **水热板**。这些板内置有热水管道，将热量输送到表面。它们通过封闭的水循环彼此相连；热水从锅炉流入通常安装在产房主要过道中的主水管。根据每个产房仔猪不同日龄对温度需求来决定热水是否进入产房。

这种系统通过装在回水管上的电磁阀和温度传感器来调节，都是通过环境控制设备而自动调节的。

不利因素是，因为安装成本，每个产房通常安装一套回路，所以当该产房的第一头母猪分娩时，所有加热板都会打开。在大产房中，这会导致很高的、不必要的能源成本。

市场上还有新型的电阻和水相结合的加热板，由电阻将水加热，然后将热量均匀分布到整个板表面。从开始到水被完全加热需要消耗大量的能量，但此后加热板的效率会很高，因为只需要用一点点能量去维持温度就可以了。加热板的尺寸也很重要。在仔猪21日龄断奶的高效生产的猪场内，有必要增大加热板面积。过去，相对于两块60厘米×40厘米的加热板，120厘米×40厘米的加热板是常见的。但是在现代猪场，产床前部安装的都是120厘米×50厘米的加热板，产床中间部位或母猪侧面安装的都是150厘米×40厘米的加热板。

2.3.2.1.2 保温灯

保温灯是另一种常见的用于保证产房仔猪热舒适的系统，包括一个灯座和一个红外线灯泡，特点是与普通灯泡相比，发光较低但发出更多的短波红外线辐射，从而需要更低的灯丝温度。功率范围为75～250瓦，某些型号可以通过开关调节保温灯功率。

保温灯高度也可以调节。在需要额外的热量时（如仔猪刚出生时）可以放得低一些，当仔猪长大时，可以提高一些。

保温灯应悬于实心地面（不是漏缝）之上。然而，另一种选择是仔猪出生头几天在保温灯下放置一片厚橡胶垫或水垫，这会更加有效。

主要的缺点是作用范围有限，当母猪产仔较多时，只有灯下的仔猪可以在出生前几天接受足够的热量。远离保温灯的仔猪可能会受凉（图2-12）。

为了避免这些问题，最好是安装一个加盖的躺卧区，把它和保温灯结合起来（图2-13）。市场上有许多不同类型的产品，一些手工制作的加盖躺卧区也有很好的效果。它们主要是由加在仔猪躺卧区上离地面50厘米的盖子构成的。盖子上需要有一个直径和保温灯相似的孔，以便保温灯穿过或固定在盖子上（图2-14）。盖子可以阻止温度散失，舒适区的温度可以提高6～8℃。

图2-12 母猪产仔较多时，保温灯不能为所有仔猪提供热量

图2-13 加盖的躺卧区：为仔猪提供了更好的热舒适

图2-14 加盖躺卧区的侧面图。注意盖子上的开口可以安装保温灯

加盖的躺卧区应设计合理，并安装在产床的合适位置，以确保不会妨碍产房操作。盖子应该可以同时机械性地抬起，以便执行产房操作和日常观察仔猪。在一年中最热的月份，盖子应时刻保持抬起状态，以防仔猪到产床其他区域活动增加被压死的风险。有些加盖躺卧区可以把仔猪圈在其中，这有助于饲喂初乳、处理仔猪等。

总之，需要强调的是，为了尽可能生产多的仔猪，非常有必要准备一个热舒适区，并保证能够适当控制，这样就可以随着哺乳仔猪的生长来调整目标温度（图2-15）。

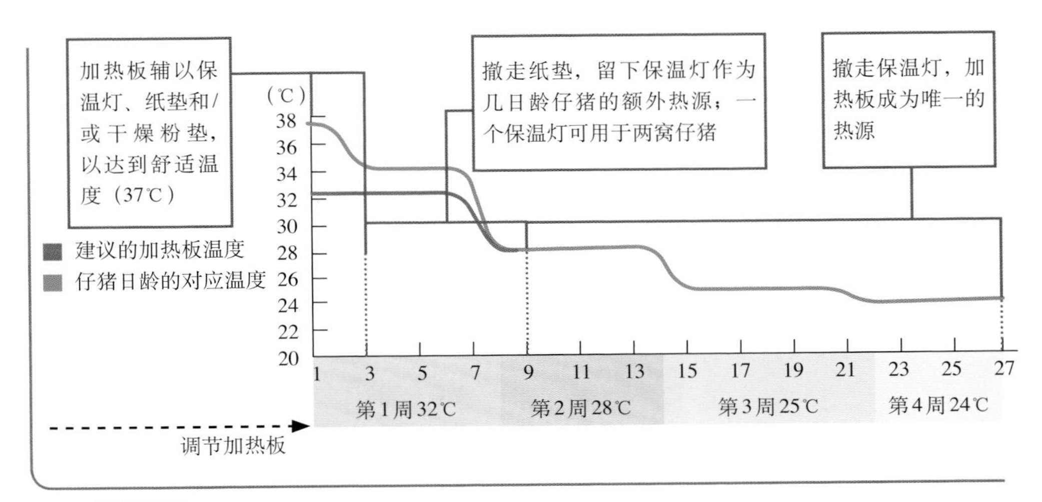

图2-15 联合使用加热板、保温灯和纸垫保证仔猪的热舒适。资料来源：Casanovas, C. www.3tres3.com, 2011

为了使产房仔猪死亡率降到最低（80%的死亡发生在出生后的头两三天），加热板应和挂在板上方的保温灯（加盖或不加盖）配合使用，可以在出生第3或第4天当仔猪度过最关键的时期后撤走。母猪分娩时可以把保温灯挂在其后部的上方，以利于初生仔猪的干燥并避免过热。一旦分娩过程结束，保温灯就应该挂在仔猪加热区域的上方。强烈建议用纸垫和干燥粉垫增加初生仔猪的舒适度（图2-16和图2-17）。

图2-16　理想情况：有纸垫的加热板和带保温灯的加盖躺卧区

怎样确保仔猪的热舒适？

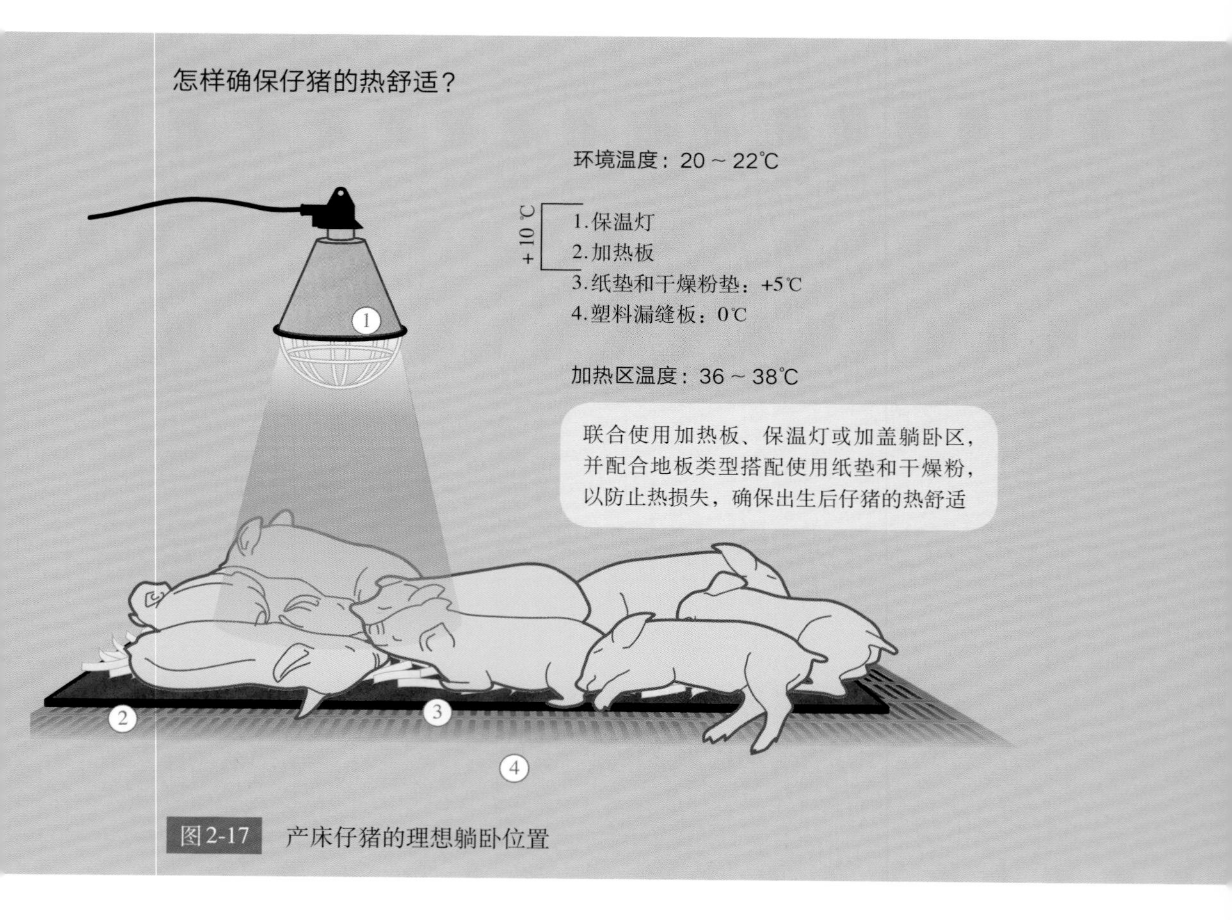

图2-17　产床仔猪的理想躺卧位置

2.4 通风系统

除了考虑母猪和仔猪的热舒适，还必须保证哺乳期和全年任何时候的适宜的通风换气。因此，通风系统用于提供必需的氧气，并净化空气中的粉尘和可能对人畜有毒害的气体（氨气、二氧化碳等）。通风系统也可以控制环境湿度，因为湿度过高对母猪及其仔猪都是有害的。

负压通风系统是比较常用的。排风机抽出室内的空气，造成负压，引起室外空气进入。这些风机应当有策略地安置（屋顶或墙上），并从室内抽出空气。室外的空气从进风口进入。进风口最好可以自动调节，并安装在侧墙上、屋顶或有气孔的吊顶上（图2-18至图2-20）。

产房用的风机通常是螺旋形的，并有一个单相电动机。这使风机的速度可调。通过数字控制器调节风机终端之间的电压，使其以不同的速度旋转，从而调节抽风量。风机马达降速后，风机转速也随之降低。

最小通风率（10%～15%）应与至少70～75V的电压相匹配，以免过热并提高风机电动机的效率和使用寿命。单相电动机在低速和全速工作时的耗能是相同的。为了节

图2-18　侧墙上的进气口

图2-19　吊顶上的进气口

图2-20　有气孔的吊顶

约能源（高达40%～45%），推荐使用具有三相电动机的高风速风机。然而，在小型或中型产房单元，并不建议使用它们，因为这样难以调节通风率（它们以“满负荷运转或停止运转”的模式运行），并增大了动物体表的风速，对仔猪存在风险。

另一个选择是安装变频风机。但是由于成本很高，不建议安装，尤其是对于小产房。在大型产房单元，假若每个产房所饲养的母猪在同一周内分娩，那么每间或每2～3间安装变频风机可能有帮助。

每头母猪通风量的最大需求是250～300米³/小时（实际通风量是180～250米³/小时）。产房内的母猪数将决定安装的风机类型和数量。

若有可能，最好至少安装两个较低功率的抽风机，而不是安装一个较高功率的抽风机。

这样，在冬季通风量最低时，其中一个风机将保持关闭，从而节约能源。如果房间不足12～14米宽，风机通常安装在房间后部的屋顶上（有时会在后墙上安装一个额外的风机）。新鲜空气从对侧墙（隔断房间和走廊之间的墙）进入室内；这一通风类型被称为横向通风。如果房间较宽，排风机应安装在房间中间，空气从两面侧墙进入。通过有气孔的吊顶或有进气口的吊顶的通风系统在这些类型的大型产房中运行良好。吊顶应安装在屋顶梁下，以防进入的空气击中这些横梁并直接掉到猪身上。在有更高吊顶的大型产房中，假吊顶被安装在2.4～2.5米高的位置。这样房间内的换气量下降，使空气调节更容易并带来显著的节能效果。

有必要在首次进猪前开展通烟测试，确保通风系统能够正确运行（图2-21）。

图2-21　产房的通烟测试

2.4.1 最大和最小通风量

区分风机的理论通风量和实际通风量十分必要。前者是制造商根据设备的型号和特性承诺的最大通风量，后者是安装好后可以实际达到的最大通风量。

在负压通风系统中，气压的差异可能受到系统不同点的气压下降的影响，反过来导致最大通风量的降低。例如，夏季空气进过湿帘或冬季室内的进风口被部分关闭时。因此，选择排风机时必须考虑气压的下降。它们的最大通风能力应不低于理论上的通风需求，并扣除所计算的通风量下降部分。

为了避免不必要的气压下降导致的通风系统效率下降，保证门、窗等的密闭性极其重要。在一些为良好的通风系统投入很多资金的猪场也会常见开门、移门或未紧闭简易门等现象，建议在室内安装压力计测量压差，以检查通风系统是否正确运行（图2-22）。

如果通风系统设计完美，且配合高质量、调试良好的组件，则很容易达到所需的最大通风量。但是，很难维持既能够保证换气，又能排出有害气体、悬浮颗粒和过度的湿气，而又不影响动物的热舒适（尤其是在冬季）的最小通风量。最小通风量是以室内最大通风需求量的某百分率设定的（通常是15%左右），以保证足够的换气量并避免不必要的热损失。为了有效通风并防止冷空气吹到仔猪体表，空气应以1.5米/秒的恒定速度进入室内。另外，应避免仔猪高度的超过0.1～0.2米/秒的贼风。如果进风口是手动控制的，那么就很难达到，所以推荐自动调节的进风口。

排风机不运行时，必须用手动或自动系统使其盖板保持关闭，以防冷空气通过排风口进入室内。最好选择排风口能自动开关的通风系统，其排风口通常装有小电动机和旋转盖板（图2-23）。

当房间只有一个排风机且风机低速运行时，应减小排风口的打开程度。

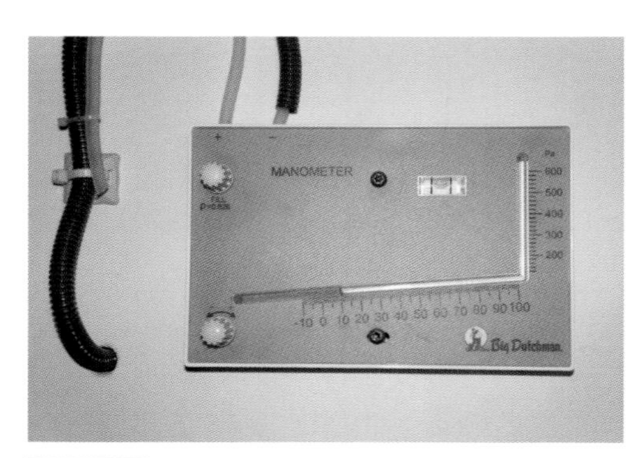

图2-22　监测室内压差的气压计

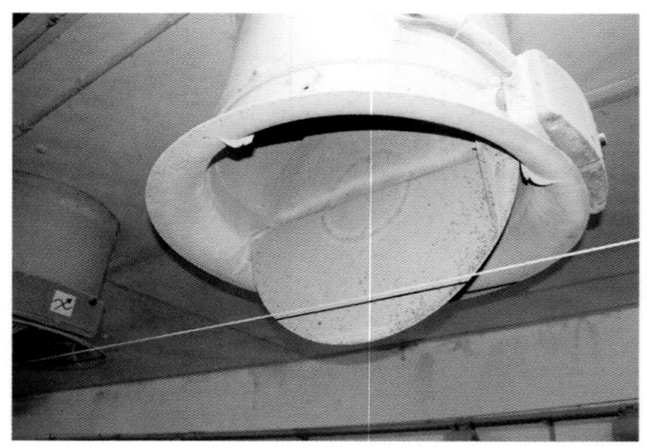

图2-23　自动旋转盖板

2.5 通风控制

2.5.1 控制器

为了确保整个系统的正确运行，自动空调控制系统的控制器应安装在产房内（图2-24）。它们负责协调进风口的开放程度以配合排风机，从而维持进气速度，并净化、更新室内空气，确保母猪和仔猪（许多情况下在加热区）的热舒适。

图2-24　自动调控产房环境的控制器

控制器至少应包括以下参数：

· **设定温度值**。这是产房应达到的客观值。如果环境温度低于设定温度值，风机将以最低设定速度运行以提供最小的通风量。如果环境温度高于该值，风机速度就会根据室内安装的、连接到控制器上的传感器测得的环境温度上升曲线做相应提高。

· **风机变速范围**。该值是风机达到最高运转速度时环境温度超过设定温度值的温度数值。当室温在温度设定值和风机变速范围之间时，风机将中速运转。室温越高，风机转速越快，但是加速是逐步的，当环境温度达到总温度（温度设定值加上风机变速范围）时，风机转速达到最高。这会逐步降低温度和风速，因此，猪不会感到剧烈的变化。

风机变速范围应设定在4～8℃。当温度变化较大时（如昼夜温差大时），尤其是冬季，风机变速范围的设定值需要适当提高，以减缓风机的加速曲线。

· **最小和最大通风量**。最小通风量始终相当于满足猪生存需求的最小风速。它通常按照（最大通风量的）比例设定。最小通风量相当于最大通风量的10%～20%，最大通风量应设定为100%。

市场上有许多类型的控制器，不同品牌间功能和价格差别很大。最先进的控制器可提供多种功能，如调节室温、通风、加热板或躺卧区温度，以及达到设定温度值后开启降温系统。控制器上还有相对湿度传感器，当室内相对湿度高于70%～75%时，关闭蒸发湿帘或热压喷雾系统。之前24小时的温度和相对湿度曲线可以显示在控制器屏幕上，以检查系统工作是否正常。另外，环境控制器可以连接到中心电脑，这就有可能根据仔猪日龄和不同季节，为每间产房的母猪设定最合适的曲线。它们还能提供整个哺乳阶段的温度、相对湿度、最低和最高温度参数等，以便彻底跟踪该系统的效率。可通过远程进入中心电脑，允许随时随地检查或改变不同的参数。室内安装摄像头可使猪场经营者或技术人员定期检查猪是否舒适。

为了降低该环控系统成本，如果每个产房的母猪都是同一批次（相同的温度舒适和通风需求），则可以每两个产房安装一个控制器。有些控制器也可以调整两个不同产房的参数。

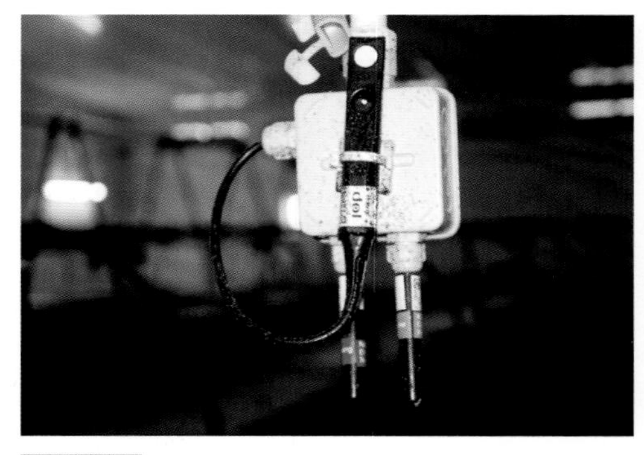
图2-25 三重传感器：温度、报警和相对湿度传感器

安装报警系统在断电或通风系统停止工作时至关重要。这些系统通常能向多台手机发送报警信息并启动不同的辅助程序（打开窗户和进气口，完全打开抽风机盖板等）。最先进的控制器连接有独立报警系统的温度传感器，以防正常的传感器发生故障（图2-25）。控制器通过中心电脑报告每个独立房间的故障。

2.5.2 环境控制设备

建议猪场使用环境控制设备确保所有设备工作正常。这些设备是经济实惠的，可以定期检查猪场的空调系统，如果有必要，也可以调整控制参数。

设备必须每6个月彻底检查一次。

· **红外温度计**。对测量仔猪加热板的温度非常有帮助。

· **数字温度和相对湿度传感器**。可以挂在室内，与控制器的测量数据相比较（图2-26）。

· **风速计**。测量进气速度以及猪体高度的风速。

· **发烟瓶或发烟罐**。偶尔用于辅助检查室内的空气分布是否合理（图2-21）。它们常用于新建的产房，但是建议定期进行通烟试验，因为随着时间的推移和设备的大量使用，会出现导致系统效率下降的故障。

· **热成像相机**。该设备在测量猪的热舒适时非常有用。检查仔猪体温、加热板或加热区的温度、墙壁间的热桥、门窗导致的热损失等（图2-27）。

定期保养并每日清洁导流板、风机、进气口、传感器等设备，对于达到合适的加温、通风和持续的空气调节是十分重要的。

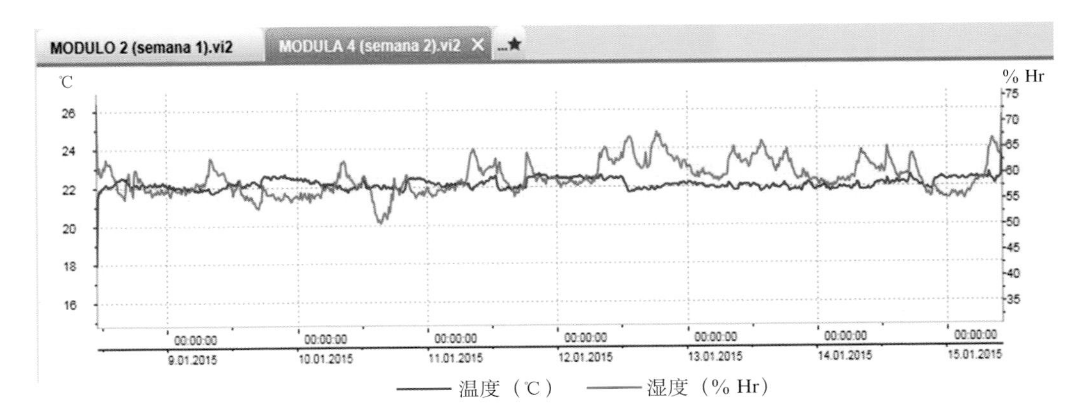

图2-26 哺乳第2周某房间的温度和相对湿度控制示例。图片由Fernando Forcada提供

图2-27 热成像相机

3 哺乳期母猪和仔猪的营养

3.1 哺乳期基本营养概念

哺乳期的营养目的是最大限度地增加断奶总窝重，而断奶总窝重又取决于仔猪窝断奶数和断奶重。为达成此目标，母猪必须尽可能多的泌乳。在哺乳期，母猪大部分的营养都用来泌乳。此外，相比15～20年前，如今的母猪背膘更薄，泌乳更多；并且它们的体重随着年龄的增长不断增加，这就需要投入更多的营养来维持母猪的体况。

母猪的采食量往往满足不了泌乳和维持自身体况的要求，因此需要调动自身的储备。哺乳期间，通过母猪体重的降低和背膘的减少可以观察到母猪体况的损失。最新的哺乳期营养概念将尝试通过哺乳期正确的营养管理来尽可能减少母猪体况损失。

在哺乳期，母猪的体重损失不应超过其体重的10%，其背膘减少损失不应该超过3毫米。过度的损失将对母猪下一个繁殖周期造成严重的影响：断配间隔延长、下一胎的受胎率和产仔数下降。

3.1.1 哺乳期饲喂量

分娩后母猪的新陈代谢和营养需求发生了极大的变化。母猪从妊娠期的合成代谢转变为哺乳期的分解代谢状态。

从那一刻起，母猪摄入的大部分能量都用来泌乳(表3-1)。

哺乳期母猪所需要的饲料量随着体重的变化而变化，如表3-2所示。

表3-1 母猪各生理阶段的能量需求

	维持需求（%）	生产需求（%）
妊娠期	70	30
哺乳期	28	72

数据来源：Martín, C. Nutrition and Formulation Service, Nanta (2014)。

表3-2 不同体重的母猪维持自身所需要的能量

体重（千克）	维持需求*=100千卡×$PV^{0.75}$	千克饲料**/天
170	4 708千卡/天	1.62
190	5 118 千卡/天	1.76
210	5 517 千卡/天	1.90
230	5 906 千卡/天	2.04

注：*维持需求，用代谢能表示；**哺乳期饲喂（2 900千卡代谢能/千克），根据NRC（2012）计算；1千卡＝4 184焦耳。

数据来源：Martín, C. Nutrition and Formulation Service, Nanta (2014)。

哺乳期母猪摄入的饲料除了维持自身需求外，余下营养均用来泌乳。表3-3显示不同体重和带仔数量的母猪所需要的能量，表3-4显示泌乳对蛋白质摄入的需求。

哺乳母猪的饲喂总量应该是维持自身所需的饲料量和泌乳所需饲料量的总和。

从哺乳期第2周或第3周开始，母猪摄取的饲料量通常无法同时满足维持自身所需和泌乳满足仔猪所需，因此必须动用自身的储备。它们首先消耗自身的脂肪储备，在极端情况下利用自身的蛋白质储备。

表3-3 不同体重和带仔数量的母猪泌乳所需要的能量，在哺乳期没有体重损失的情况下根据NRC（2012）计算

		母猪（体重170千克）		母猪（体重230千克）	
仔猪数	平均日增重（ADG）[克/（天·窝）]	代谢能（ME）（千卡/天）	千克饲料*/天	代谢能（ME）（千卡/天）	千克饲料*/天
9	2 016	17 764	6.13	18 923	6.53
10	2 240	19 170	6.61	20 331	7.01
11	2 464	20 574	7.09	21 738	7.50
12	2 688	21 977	7.58	23 144	7.98
13	2 912	23 380	8.06	24 551	8.47
14	3 136	24 782	8.55	25 957	8.95

注：*哺乳期饲喂（2 900千卡代谢能/千克）。

数据来源：Martín, C. Nutrition and Formulation Service, Nanta (2014)。

表3-4 母猪泌乳和维持自身体况对蛋白质摄入的需求，在哺乳期没有体重损失的情况下根据NRC（2012）计算

平均日增重（ADG）[克/（天·窝）]	2 250		2 500		2 750		3 000	
体重（千克）	粗蛋白（CP）（克/天）	SID Lys（克/天）	粗蛋白（CP）（克/天）	SID Lys（克/天）	粗蛋白（CP）（克/天）	SID Lys（克/天）	粗蛋白（CP）（克/天）	SID Lys（克/天）
170	604	44	668	49	732	54	796	59
190	606	44	670	49	734	54	798	59
210	608	45	672	49	736	54	800	59
230	610	45	674	49	738	54	802	59

注：SID Lys＝标准化易消化氨基酸。

数据来源：Martín, C. Nutrition and Formulation Service, Nanta (2014)。

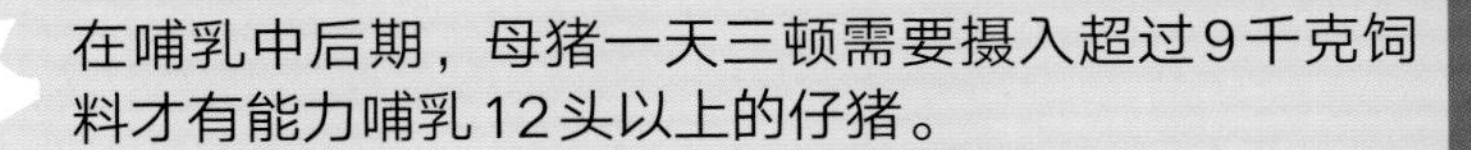
在哺乳中后期，母猪一天三顿需要摄入超过9千克饲料才有能力哺乳12头以上的仔猪。

3.1.2 饮水量

奶水80%的成分是水。母猪整个哺乳期平均每天需要饮水30～40升，高峰期甚至达到50～60升。饮水不足的母猪无法摄入哺乳期所需的全部饲料。

尽管需要从出生后的第1天开始为仔猪提供可以饮用的水，但仔猪本质上是通过母乳获得自身所需的水分的。仔猪出生后第1周平均每天摄入50毫升的水，随后逐渐增加摄入量，在21天时大约每天摄入150毫升的水。一旦断奶，仔猪每天需要摄入1升水，这相当于它们从母乳和饮水中获得的水的总量。

图3-1　母猪和仔猪共用饮水槽

为猪提供的水应该满足最低可饮用性的要求(E. Magallón et al., 2014)。饮水最小流量为4～6升/分钟，建议的流量为10升/分钟。应保证适宜的水温，极端的水温会降低仔猪对水的摄入量，应尽可能地避免。

产房的水槽必须设置在猪易于接近的地方。图3-1和图3-2中分别显示了两种类型的饮水槽：一种是母猪和仔猪共用的水槽，另一种是仔猪用饮水碗和母猪用饮水槽。

图3-2　仔猪独立的饮水碗（白色箭头）和恒定水位的母猪饮水槽（红色箭头）

3.2 母猪的营养

本节讨论不同因素和不同的管理模式对哺乳期母猪营养的影响。

正如前面所说，为防止自身的分解代谢和体况的损失，母猪在哺乳阶段对营养摄入有非常高的要求。影响哺乳期母猪营养的因素如下：

· **体况**。已有证据显示，母猪在妊娠阶段体重增加过多，会导致哺乳初期的食欲和采食量下降（图3-3）。分娩后的食欲与妊娠阶段的饲料消耗呈负相关。

· **环境温度**。母猪哺乳期间，产房的最佳温度为18～22℃。温度高于22℃时，每升高1℃，母猪采食量会降低100～150克/天。采食量降低情况如图3-4所示。

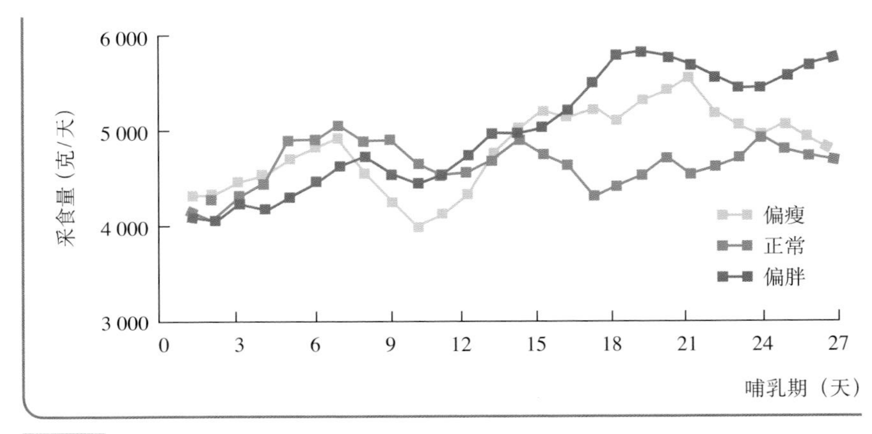

图3-3 母猪哺乳期采食量与分娩时体况的关系。资料来源：Dourmad, J. Y. et al., Journées de la Recherche Porcine, INRA 1991

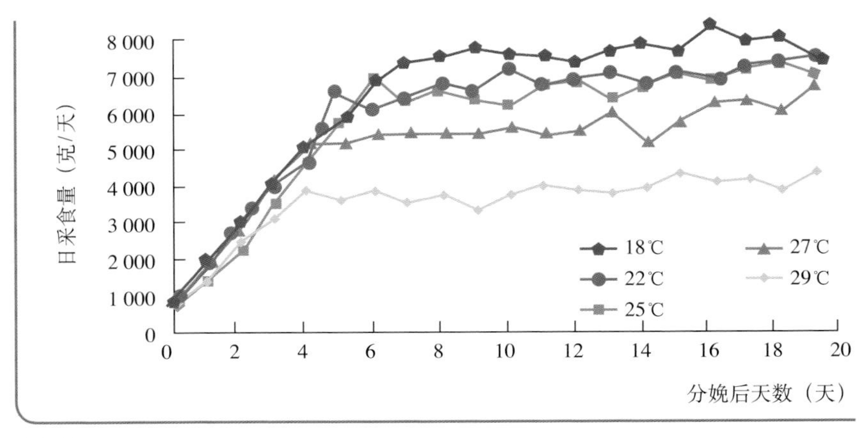

图3-4 母猪哺乳期采食量与环境温度的关系。资料来源：Remaekers, P. Nutrición de cerdas. Nanta, 2010

· **饲料中的能量和蛋白质水平**。应该均衡地增加饲料中脂类和氨基酸的含量，避免饲料中纤维过多。

· **饮水量**。采食量与饮水量呈正比。应该保证饮水清洁、易饮用，并具有适宜的流速。

· **饲喂方式**。母猪对湿拌料(液态饲料)的采食量明显要高于干料。母猪饲喂湿拌料要比干料采食多10%～20%。如果采用干料饲喂，使用颗粒料要比碎屑料或粉料更好一些。

· **光照时间**。每天光照时间不低于16小时，母猪采食量明显增加。

· **饲喂量和频率**。母猪每顿平均采食2.75～4千克饲料。应该每天饲喂2～3次来增加母猪的采食量。每顿之间的间隔时间尽可能地延长，并且选择在温度较低时饲喂（日出、日落时等），在高温季节尤其应该如此。

· **窝产仔猪数和仔猪的健康状况**。

· **母猪的健康状况**。所有的疾病对采食量都有负面影响。

· **适口性**。饲料应该保持新鲜。必须确保饲料没有酸败、霉变等。需要注意，在饲料加工时使用适口性差的原料会导致母猪采食量降低。

· **水槽和料槽的设计**。水槽和料槽的设计必须保证母猪能方便地饮水和进食，并且需要避免水和饲料的浪费。

· **采食量监控**。为了使哺乳母猪最大限度地采食而不浪费任何饲料，需要监控每头母猪每天的采食量。为此需要使用与图3-5类似的管理表格。员工可以通过这些表格检查每头母猪最合适的饲喂曲线(见第50页图3-9)。

母猪耳号：——————————

哺乳天数	采食量				
	Meal 1	Meal 2	Meal 3	Meal 4	Total
1					
2					
3					
4					
…					
…					
…					
28					
29					
30					

图3-5 每天记录哺乳期母猪采食量的简单表格

· 人员。人员是最重要的因素，因为农场的员工是负责管理和监控影响母猪采食量的其他因素的。专业和有能力的员工是保证哺乳期母猪得到最佳营养管理的关键。

· 设备。未来的饲喂系统将朝着个体化、电子控制饲喂的方向发展。

3.2.1 饲喂系统

饲喂系统的使用是影响哺乳期母猪采食量的最重要因素之一(图3-6至图3-8)。农场安装的饲喂系统应该满足以下要求：

· 自动化并单独控制饲喂量。

· 个体采食最大化。

· 避免饲料和水的浪费。

· 可靠性。系统需要在猪场环境下正常工作。故障率要尽可能低，一旦出现故障必须易于排除。

· 易于清理。为了确保母猪每天以最好的状态采食，料槽必须方便清理，因为员工需要每天检查料槽并清理掉所有的剩料。

3.2.2 饲喂曲线

哺乳期母猪的饲喂曲线需要根据每头母猪的采食量、体况、品系、胎龄及带仔数来设计。

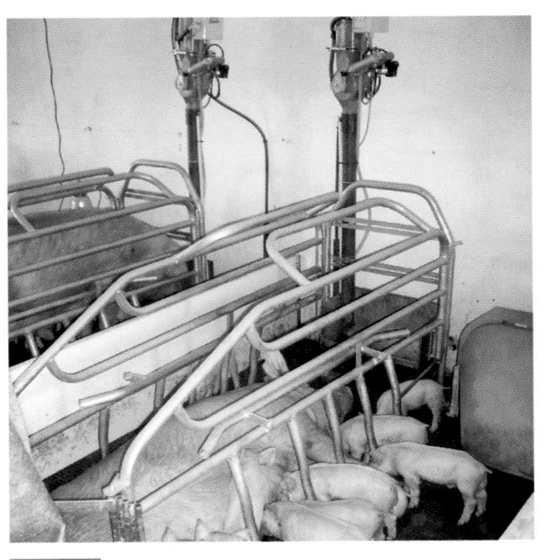

图3-6 液态饲喂系统可以监控母猪的采食量

图3-7 液态饲喂系统监控母猪采食量的细节：可以观察到控制进料和进水的两个传感器（箭头）

图3-8 干料和饮水共用食槽，水位保持不变

图3-9显示的是经产母猪和后备母猪的标准曲线。哺乳期的母猪应该尽早开始充分饱饲。曲线显示，第1周内采食量每天增加0.5千克，并试图增加更多(0.75千克/天或1千克/天)。在实际生产中，很难达到这些指标，尤其是在其他因素（环境、饲料、饲喂次数等）无法得到有效改善的情况下，更难实现。

设计饲喂曲线包括对每一头母猪的采食水平进行独立的监控并持续跟踪，然后将饲喂曲线调整到那个水平上，避免饲料的浪费。因此，通过使用能记录个体情况的表格或者使用能显示每头母猪的采食量的电子系统来控制采食量，是非常重要的。

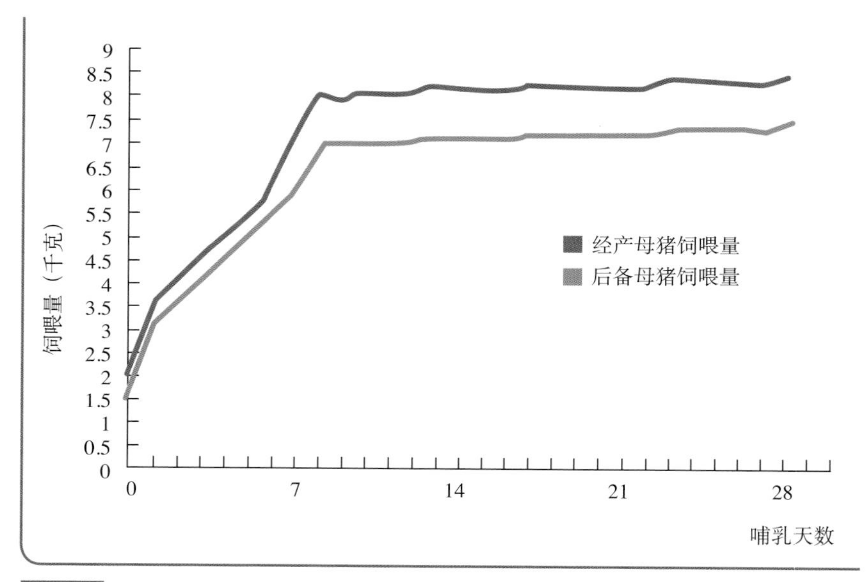

图3-9 经产母猪和后备母猪的标准饲喂曲线（哺乳期每头母猪带仔11头）

3.3 哺乳仔猪的营养

哺乳仔猪的主要食物是母猪分泌的乳汁。然而，母乳并不能为仔猪提供实现最大生长潜能所需的全部营养。

初生仔猪的消化系统是最适应母乳的。然后，在仔猪出生后1周内逐渐成熟，从而使仔猪能够摄入特殊类型的饲料来弥补母乳的不足。仔猪应尽可能早地摄入这种补充饲料（固态饲料），以减少断奶时肠绒毛的萎缩。

仔猪出生后的生长速度呈线性增加，而母猪的泌乳量在分娩后第3周开始下降（图3-10和图3-11）。当母猪泌乳量不足或带仔数过多时，可以采用两种可行的策略：由奶妈猪为多出来的仔猪提供母乳的丹麦系统；用配方奶饲喂仔猪的荷兰系统。在生产实践中，两种系统都各有优缺点，通常将两者结合起来使用。

仔猪从出生到断奶的生长速度非常快，从出生时1.450 千克到21日龄断奶时可以达到6千克，如果在28日龄断奶可以达到8～9千克（图3-10）。

据估算，仔猪每摄入4升母乳，就可以增重1千克。

需要在量化生产效益、直接投入成本及由此附加的间接管理（劳动力、设备等）成本后，对于替代产品的使用进行经济学评估。

谨记，充分利用母乳仍然是仔猪增重的最经济的方式。应当支持将哺乳期延长到28天。

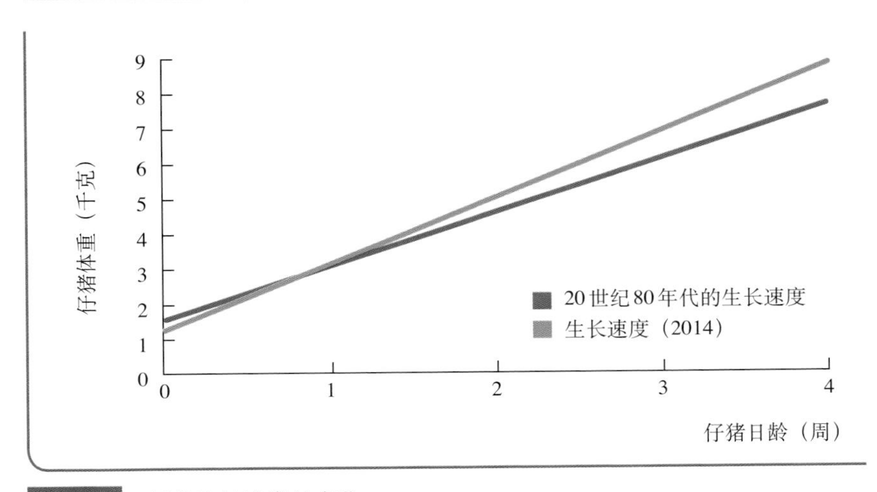

图3-10　仔猪生长速度的变化

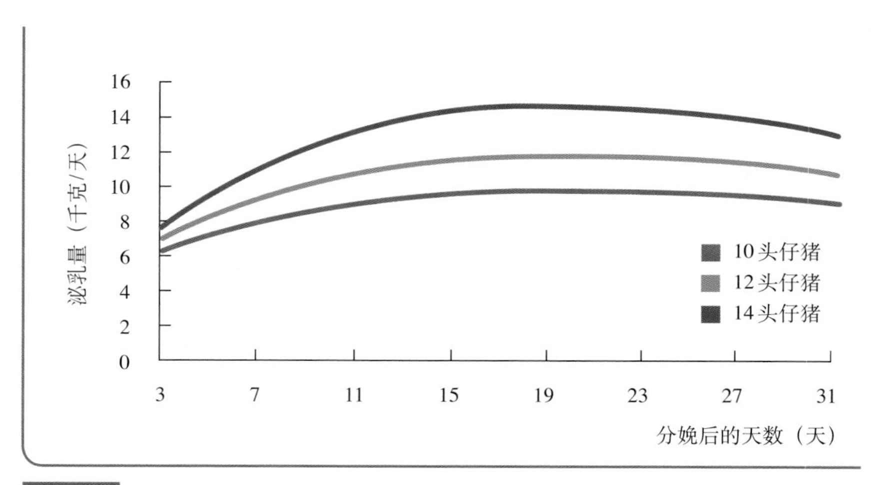

图3-11 母猪泌乳量与带仔数的变化关系

3.3.1 配方奶

配方奶主要用于生长缓慢（如乳房炎母猪带的仔猪）或者失去母猪的仔猪的喂养，或者在无法进行寄养的生产体系中（如三周批次生产）喂养高产母猪所带的体况最好的仔猪。

配方奶的成分一般是50%的脱脂牛奶、代乳粉、浓缩蛋白质、植物油(椰子油)、维生素和矿物质。

应该使用高质量的原料来保证仔猪最佳的消化率，并防止因细菌污染或消化不良引起腹泻。

多出仔猪的人工喂养管理需要特定的设施：在4日龄把窝内最好的仔猪放置在保温区内(图3-12至图3-14)，保证保温区有舒适的环境。准备配方奶时，必须用最卫生的方式操作，同时注意温度要适宜（45℃)、稀释度要适中。

配方奶也可以加在料盘中（图3-15)，但效果远低于在保温区使用。

图3-12和图3-13 将1周龄以内多出的仔猪早期断奶并在保温区饲喂配方奶，保温区设置在产床的上面

图3-14 产床上面保温区的具体位置

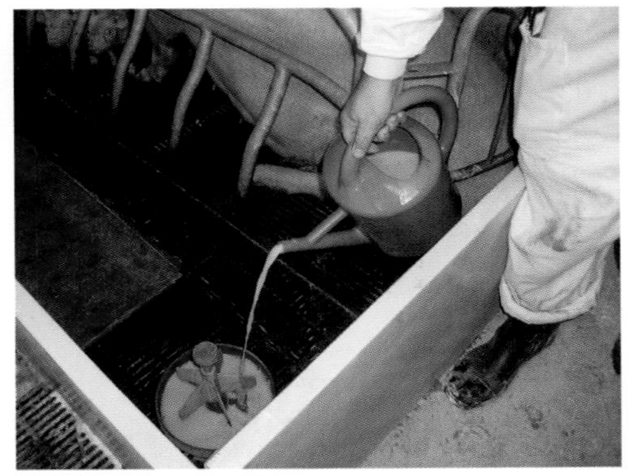

图3-15 仔猪料盘中配方奶的管理

3.3.2 教槽料

尽管仔猪在产房阶段有多种类型的饲料，代乳料通常用于哺乳期的开始阶段，而仔猪开口料是在持续28天或更久的哺乳期后三分之一时间段开始使用的。

代乳料是含有高营养成分的特殊复合饲料。由乳清、鱼粉、高品质的大豆蛋白、膨化剂、调味剂、维生素、矿物质和其他添加剂组成（如酸化剂等），通常还含有猪血浆。这些类型的饲料富含蛋白质，具有很高的能量，如表3-5所示。

表3-5　不同类型哺乳仔猪饲料的成分比较

	粗蛋白（%）	代谢能（千卡／天）	描述	使用建议
代乳料	20%	3 500	糊状饲料/微小颗粒	10日龄开始
仔猪开口料	19%	3 400	糊状饲料/微小颗粒	20日龄开始

仔猪出生后第1周即可采食代乳料。而实际上从第2周开始饲喂代乳料更有意义(10～14日龄)。

仔猪开口料与代乳料有类似的特性。但如表3-5所示，两者之间也存在差异。哺乳期从18～20日龄开始使用开口料直到断奶持续28天或更久。这种饲料和仔猪断奶后第1周使用的饲料是一样的。

代乳料通常做成糊状。相较而言，虽然代乳料和开口料都可以做成糊状，但仔猪开口料是直径1.8～2.0毫米的微小颗粒，这种颗粒几乎不会粉碎。

一些农场管理者将代乳料做成糊状来增加仔猪采食量。第1天将1千克的代乳料加入2升的水中，并逐渐增加代乳料的浓度（1千克代乳料兑1升水)。特别推荐弱小仔猪饲喂糊状代乳料。

教槽料应在仔猪的料盘内饲喂，以便于拆分清洗和消毒（图3-16)。饲喂时应该采用少加勤添的方式，每天至少饲喂3～4次。尽管这种饲料有非常好的适口性，但每头仔猪的采食量各不相同(整个哺乳期每头仔猪对饲料的平均采食量一般不超过200克)。

保持饲料的新鲜是非常重要的。教槽料的特点是它的香味和适口性，因此，应该小心处理，避免这些品质发生改变。

避免在料盘中放入大量的饲料，并尽可能地保持料盘和饲料的清洁(图3-17)。

> 为了更好地适应断奶期，使用产房哺乳仔猪教槽料至关重要。

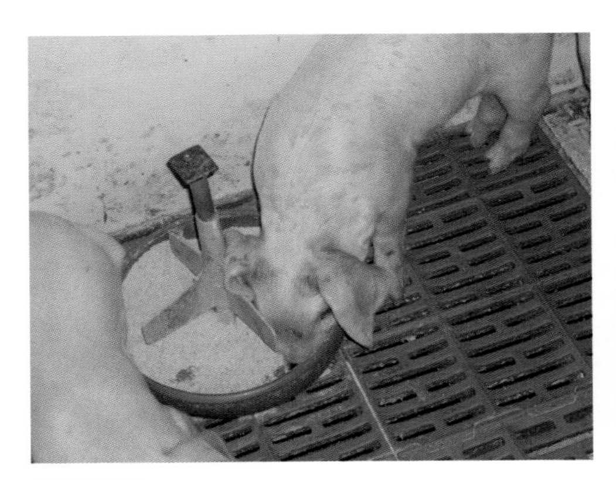

图3-16 仔猪料盘中放入代乳料

图3-17 料盘加料过满且不干净

3.3.2.1 酸奶

仔猪用酸奶制品实际上是含有高能量、高蛋白的补充物质，因为与酸奶有着类似的稠度，所以称为酸奶。仔猪在出生后第3天或第4天开始使用酸奶（图3-18）。

酸奶的干物质含量要高于代乳料。二者配制成糊状物的方法类似，但酸奶所使用的水要少得多。

仔猪应该每天饲喂2次，并确保酸奶经过适当的处理。每次添加的量需要与仔猪每顿吃的量相一致，这样在下一次饲喂时，料盘应该是空着的。建议在两次饲喂的间隔对料盘进行清理，避免酸奶发酵或积压。

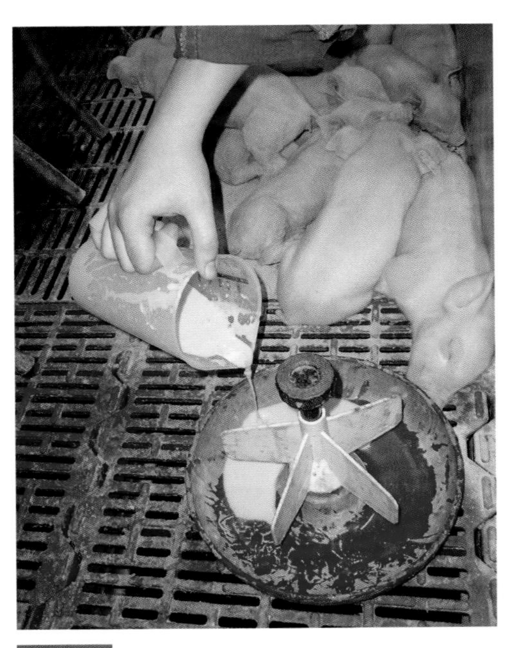

图3-18 加入酸奶的仔猪料盘

3.3.3 其他产品

初乳。可以对弱仔或出生后3天内没有吃到足够初乳的仔猪可使用新鲜或冰冻的初乳。也可以使用一些能够为仔猪免疫系统提供免疫球蛋白的产品以及可以被仔猪迅速吸收的营养物质。这些都可以通过口服使用。

凝胶。凝胶主要包含能量、维生素和矿物质补充物，可用于饲喂初生仔猪。通常由中链脂肪酸、香精油、葡萄糖、维生素和矿物质等成分组成。这些成分可以为初生几小时或几天内的仔猪提供额外的能量补充。因为它是类似于凝胶的口服糊状物，所以称之为凝胶，仔猪对这类糊状物具有强烈食欲。它可以放在料盘内，也可以通过施药器直接挤入仔猪口腔内。

其他。益生元，维生素补充剂，藻类等。

近年来，随着母猪产仔数的增加，市场上出现了多种营养补充品来尝试弥补母猪泌乳量的不足。这些产品的功效令人怀疑，它们通常仅在那些有消化系统障碍的农场对分娩过多的仔猪有效。

3.4 农场饲喂水平监测系统

考虑到农场饲喂水平监测系统的重要性，饲喂程序应该尽可能简单明确。在农场工作的所有人员都应该了解并且熟悉它们。

母猪在任何生产阶段(尤其是哺乳期)的饲养管理，都应该根据其个体体况和生理阶段进行。

农场人员使用电子饲养系统进行操作时，根据母猪所处的不同状态调整不同的参数，然后程序为每一种状态的母猪设定饲喂曲线。程序中包括一系列预设的曲线，负责人来决定哪一种是最适合每一头母猪的饲喂曲线。应该每周检查母猪的体况，并根据体况变化调整饲喂曲线。

在没有自动饲喂系统的情况下，应该每天监测母猪的饲喂情况，并根据母猪体况和饲喂密度的变化对饲料配量器进行调整。

在这两种情况下饲喂程序都应该包括以下内容：

- 监测和/或记录母猪个体的体况。
- 根据体况，将处于同一生理阶段的母猪分组。
- 根据母猪的体况，选择饲喂曲线，调整饲料配量器。

以下几种方法可以用来监测母猪的体况（表3-6）。在常规或系统监测的基础上配合其中的一个或几个数据同时使用是十分必要的。

表3-6 监测体况的几种不同系统的比较

	眼观评估	体况评分	体重	超声波测量（背膘厚度）	卷尺测量
耗费时间	+	++	++++++	+++	++
精确度	+	++	+++++	++++	+++

资料来源：改编自Collell, M. Alimentación de la cerda en gestación, 2007。

3.4.1 眼观评估

在没有明确清晰的参考的情况下，用肉眼判断母猪的胖瘦是一种快速而主观的方法。体况的眼观评估应该始终由同一个人执行，并使用其他的监测方法进行补充。

3.4.2 体况评分

这是一种非常典型并经常被人提及的方法。母猪理想的体况对应3分。过瘦（体况评分=1）的母猪将无法发挥出全部的生产潜能，过胖（体况评分=5）对经营者来说代表着不能接受的额外经济成本，还有严重的繁殖问题（难产）以及泌乳量的降低。

根据体况监测饲喂水平是一种相当主观的方法。因此，最好一直由同一个人来做。这种方法虽然有些不准确，但因为它很容易执行，所以仍然是农场日常各种管理工作的一部分（表3-7和图3-19至图3-23）。

表3-7　妊娠母猪饲喂，根据母猪体况调整饲喂量

	根据母猪体况调整饲喂程序				
体况	1	2	3	4	5
母猪何时应该是这种状态？	从不	断奶	妊娠初期	妊娠结束	从不
脊椎和骨盆处骨骼可见吗？	肉眼可见	手轻按可触摸到	手用力按压可感觉到	手按压感觉不到	整体看：非常胖
调整基础饲喂量（千克/天）	+0.6	+0.3	正常	−0.3	−0.6

资料来源：改编自 Martín, C. Master2Know, 2012。

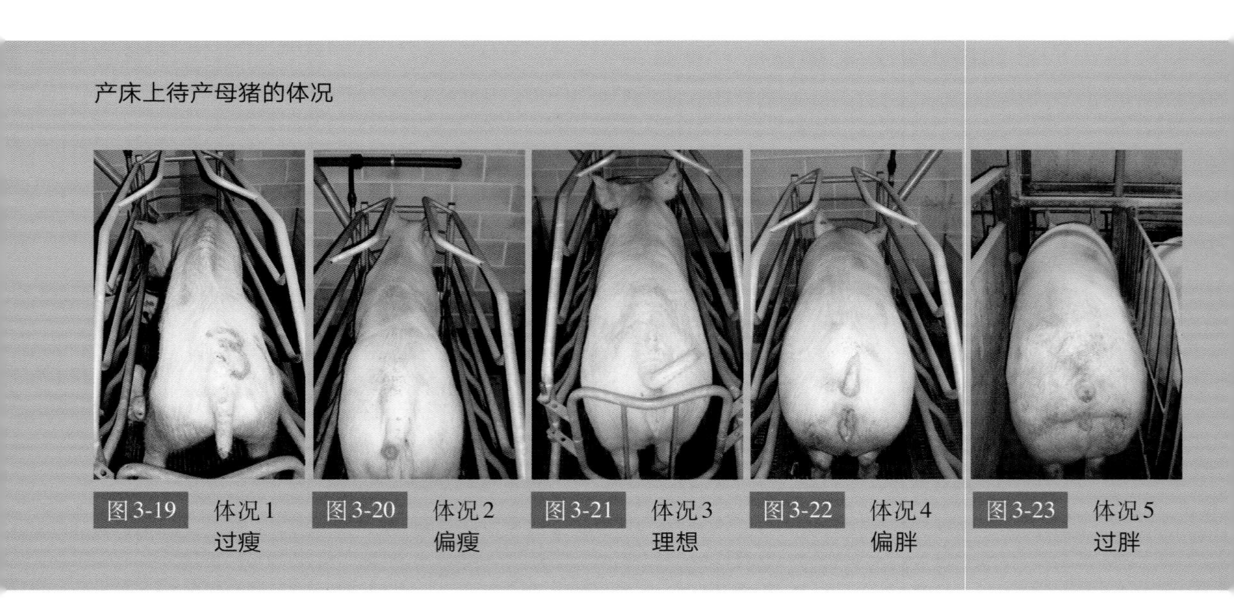

产床上待产母猪的体况

图3-19　体况1 过瘦　图3-20　体况2 偏瘦　图3-21　体况3 理想　图3-22　体况4 偏胖　图3-23　体况5 过胖

3.4.3 个体体重监测

这是非常客观准确的监测方法，但在当前的农场条件下不太实用，一般主要应用在试验研究上。随着新技术的发展，在农场走道上、栏内和电子饲喂站安装体重秤将成为可能，不久的将来，这种个体体重监测方法（图3-24）也将变得非常有用。

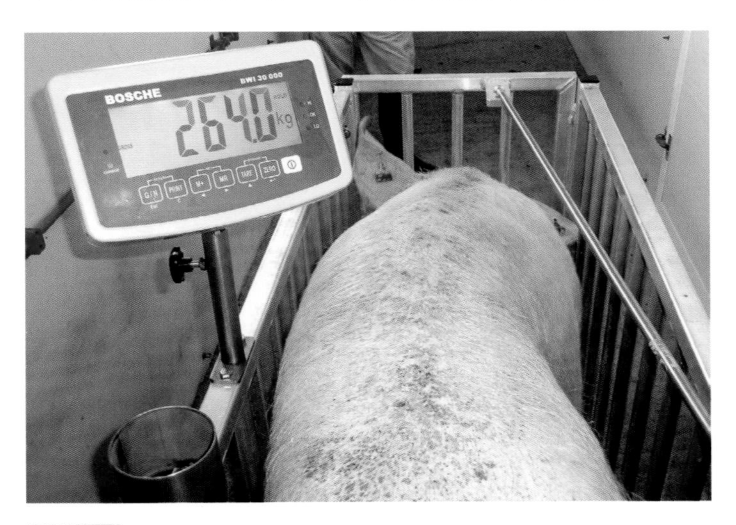

图3-24　对刚上产房的母猪进行个体称重。图片由José Manuel Mancera提供

3.4.4 背膘监测（P2）

使用超声波仪器测量背膘厚度，这种仪器由一个探头和可以显示背膘（毫米）的显示器组成(表3-8，图3-25)。

表3-8　基于母猪的年龄和生产阶段推荐的背膘厚度(P2)(体况评分为3分的母猪)

背膘厚度（毫米）			
	妊娠	分娩	断奶
经产母猪	13～15	16～18	13～15
后备母猪	14～16	16～18	13～15

资料来源：作者推荐，2014 。

3.4.4.1 操作步骤

使用超声波仪器时探头必须始终处于每头猪的同一位置，在最后一根肋骨垂直于背中间线65毫米处（P2点背膘）(图3-26)。

测量时要避开被毛浓密的区域，必要时，剪去测量区域的被毛，然后在探头上涂上凝胶或油，保证探头紧贴母猪的皮肤，没有空气存在。这种方法有时会因为不同的测量人员和探头放置位置的不同而出现误差。

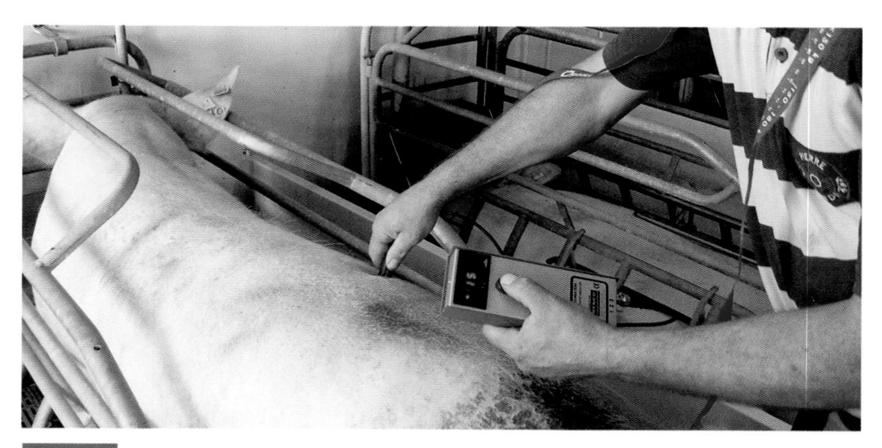

图3-25　使用超声波仪器测量母猪P2点背膘厚度

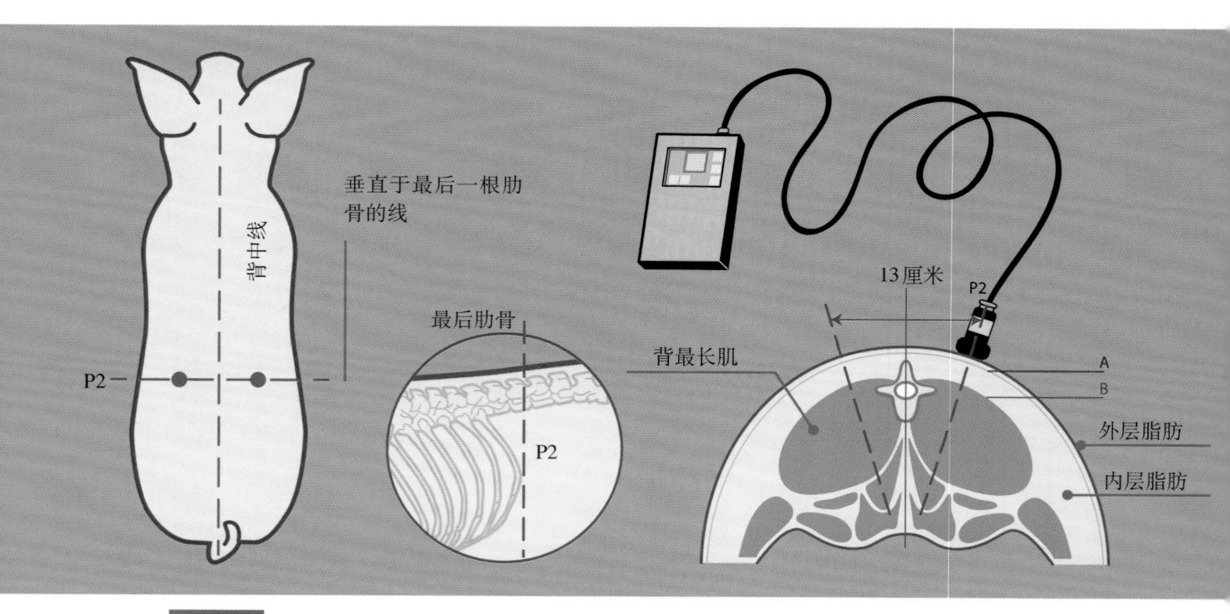

图3-26　P2点位置(最后一根肋骨垂直于背中线65毫米处)测量背膘厚度。A：脂肪层分界线；B：脂肪-肌肉分界线

通过超声成像设备也可以测量出背膘厚度。线性传感器因为可以显示从接触皮肤的第一毫米处开始的图像，测量精度较高而被广泛使用。扇形传感器也可以用于背膘测量，虽然其提供的图像不太清晰，但使用起来更加容易。使用方法与超声探头类似，也是在母猪同样的位置进行测量。

越来越多的瘦肉型母猪被筛选出来，这有利于提高后代的饲料转化率。

为了能够观察并研究母猪的进化，根据母猪的年龄和生理阶段对母猪进行监测是非常重要的。

需要考虑到母猪的遗传因素。如今，新的品系变得非常瘦，而多年前背膘值还曾经是人们关注的重点，现在却已经被认为是正常的。在未来，母猪可能会更加瘦。

3.4.5 用卷尺监测体重

使用这种方法测量母猪体重涉及一种特制的卷尺，它将母猪的两侧间距与体重联系在一起。使用这种卷尺测量出母猪两侧的距离就可以得出母猪体重的近似值（图3-27和图3-28）。

图3-28　卷尺使用细节：上面可以看到距离（厘米）和体重之间的对应关系

图3-27　产房使用卷尺测量体重。图片由José Manuel Mancera提供

虽然操作起来比眼观评估体况要繁琐很多，但由此得到的数据更加客观、准确。它的准确性也取决于母猪的遗传因素、生理阶段和周期。

在实践中，建议至少使用一种方法（包括体况评分）每周对母猪的体况进行监测，并根据体况调整饲喂量。如果对准确性要求较高，将体况评分和背膘监测或卷尺测量配合起来使用是最好的选择。最客观准确的方法是个体称重，通过测量母猪上产房和断奶时的体重，评估哺乳期体况的损失程度并最终确定最佳的营养水平。

有了这些监测数据，母猪体况一旦出现任何偏差都可以通过调节营养水平来进行纠正。

4 哺乳期和断奶期的管理

4.1 引言

高产母猪的产仔数通常高于其带仔数。这是现代养猪生产中需要解决的重要问题之一。很多新生仔猪体型小、初生重低，并且母猪泌乳量不足以喂养活所有的仔猪。此外，随着母猪胎龄延长（超过5～6胎），其泌乳量下降，有些乳头由于损伤、乳房炎等失去功能。

母猪高产仔性能的遗传进展快于乳头数及泌乳能力的遗传进展，因此，产仔数多于有效乳头数的母猪比比皆是。

一个产14～16头活仔猪的母猪很难独自喂养所有仔猪。

本章对解决该问题的不同策略进行了综述。

4.2 哺乳期管理

该章节只讨论在限位栏中饲养母猪的分娩舍系统。当然母猪从分娩当天或从分娩第5天开始也可以在大栏饲养，但是这种做法在商业化生产实践中非常罕见。大栏饲养通常只应用于研究动物福利或动物行为学的试验中，或者北欧的某些国家。

4.2.1 分娩舍的环境

母性对于建立“母仔连接”及开启一个好的泌乳过程起到决定性的作用。必须严格控制分娩舍（图4-1）环境，为母猪提供舒适的环境，防止母猪焦虑，从而让其能够安心泌乳，喂养仔猪。

图4-1　安静的分娩舍

4.2.2 产后管理

4.2.2.1 仔猪管理

产后12～24小时，在保证仔猪从母猪摄入足够量的初乳后，无论是通过自由采食初乳，还是通过分群哺乳技术等，要根据仔猪大小及数量将仔猪在分娩舍平均分开饲养。同时应考虑到母猪的生产能力、有效乳头数、乳头形状及大小，从而根据母猪的乳头形态学放置仔猪（图4-2）。

一旦仔猪被平均分配给母猪，就不要再移动仔猪。如前所述，猪是有严格社会等级的动物，从出生的第1天就开始争夺最好的乳头，并且从第2天就开始从同一个乳头摄取母乳。

仔猪在3日龄进行断尾、免疫、补铁、打耳号等处理更好，因为此时它们更有活力。要记住超过80%的哺乳期死亡都发生在出生后前3天。此外，处理造成的轻微伤口也会对仔猪产生应激，并且造成死亡率上升，弱小仔猪更是如此。

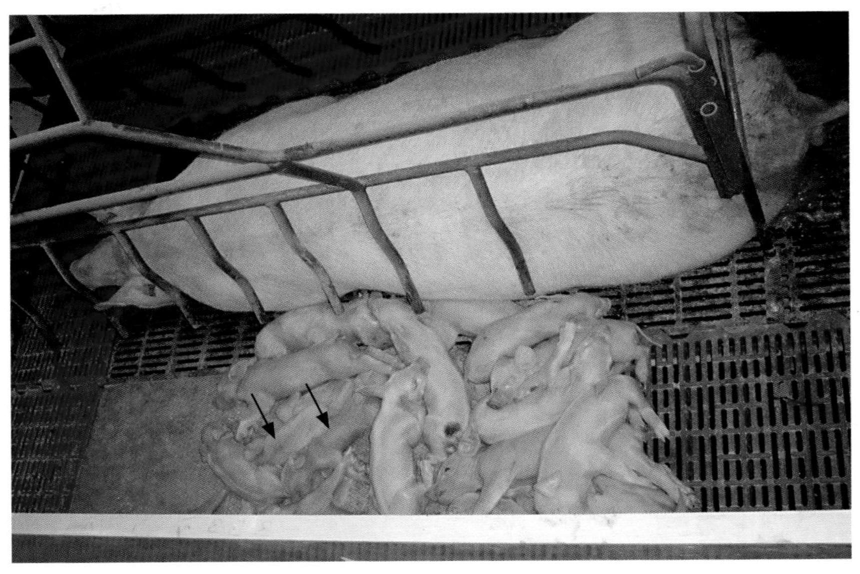

图4-2 窝产仔猪多，其中包括一些弱仔（箭头所示）

超过80%的哺乳期死亡都发生在出生后前3天。

4.2.2.2 后备母猪管理

要让后备母猪所带仔猪数尽可能多，所带仔猪数取决于农场的生产水平及基因品系，但至少12～14头。目的是为了尽可能多地激活后备母猪的乳头，从而促进后备母猪乳腺良好的发育，为后续几胎生产打下基础。

良好的饲喂和适当的初配日龄可以让后备母猪在分娩时达到良好的体况，这一点非常关键。后备母猪初配日龄随不同的基因品系及营养策略而不同。总体来说，推荐初次配种时至少达到7～8月龄，140千克体重。此外，后备母猪需要在初配前完成2次发情。

4.2.2.3 哺乳期的管理措施

哺乳期迅速从“新生哺乳期”切换到“哺乳循环期”，“新生哺乳期”对应分娩后第1天的任何时候新生仔猪都能够获得初乳；“哺乳循环期”对应每40～60分钟每个仔猪从固定的乳头吸乳（图4-3和图4-4）。

多余的仔猪由奶妈猪喂养（参见第6章）或者给予补充饲料喂养。这两种策略通常结合使用。

母猪在泌乳前应处于最佳体况，因此，应保证它们能够获得充足的饮水和饲料。

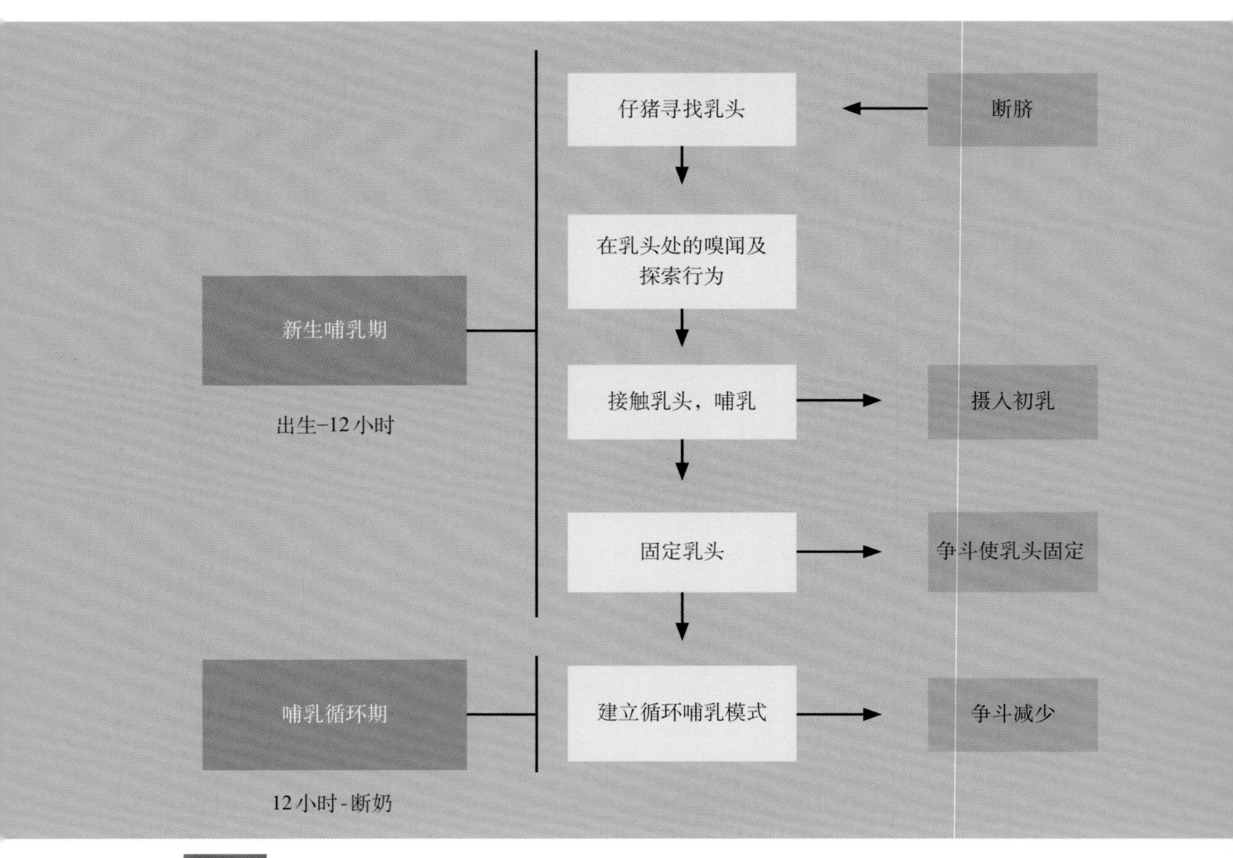

图4-3 哺乳仔猪行为。资料来源：改编自Quiles, A. and Hevia, M.L. Cría y Manejo del lechón. Ed. Acalanthis Comunicación y estrategias, 2006

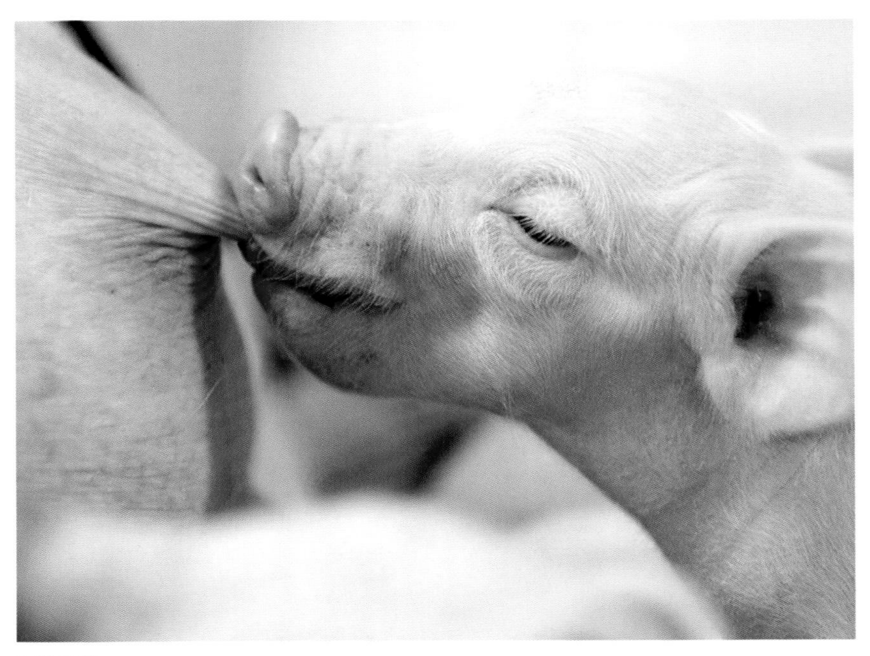

图4-4 吸乳的新生仔猪。图片由Nutreco惠赠

母猪必须能够获得充足的饮水和饲料，从而在泌乳开始前处于最佳体况。

4.3 哺乳期的管理策略

如果面临高产母猪所产仔猪数超过其乳头数而无法喂养所有仔猪的情况，猪场可以采取不同的策略：

· **基于为仔猪提供更多的母乳**：主要通过改变该阶段的饲喂程序实现，通过最大化母猪采食量支撑良好的泌乳能力，或者通过技术延长某些母猪的泌乳期，比如应用奶妈猪或者群体哺乳技术。

· **基于为仔猪提供补充饲料**：在越来越早的日龄或者通过人工哺乳的方式提供代乳料、酸奶、营养凝胶、营养补充物等。主要的实现途径是对极小日龄的仔猪断奶并在特定的保温区饲喂这些补充饲料，或者某些情况下在常规断奶操作前一周对窝中最强壮的仔猪进行断奶。

在实际生产中，这些策略的组合应用最为常见。这些策略介绍如下：

4.3.1 增加仔猪可获得的母乳量

通常通过奶妈猪来实现，但也可以通过当前并不常用的技术如群体哺乳或者间歇性哺乳来实现。考虑到这些技术在试验方面的潜在作用，下面将介绍这些技术。

4.3.1.1 寄养

寄养是全世界高产母猪现代生产最为常用的技术。我们将会在第6章对寄养或者丹麦系统做进一步的阐述。

简要来说，寄养技术主要基于使低胎龄母猪（通常2胎或者3胎）启动两个连续的泌乳周期，它们将会在喂养自己的仔猪之后喂养第2窝仔猪，从而延长其泌乳期。

母猪卓越的泌乳能力让寄养成为可能，其本质就是能够将饲料转化为乳汁的能力。因此，在分娩舍对母猪合理的饲喂至关重要。

4.3.1.2 群体哺乳

该技术在数年前相当常见。从仔猪出生第2周开始，农场主将产床相邻的部分打开，开始群体哺乳：让来源于2窝、3窝、4窝，甚至6窝的仔猪从一个母猪到另一个母猪处无差别地吸乳。

这么做是为了帮助最弱的仔猪或者是由于某些母猪泌乳量不足。如今并不推荐使用该技术，因为其弊端要多于优势：没有解决某些母猪由于乳房炎或者其他问题造成的泌乳不足问题，最强壮的仔猪吸乳最多，这样它们比最小的仔猪获得更多的优势。唯一的优势在于促进了不同窝间仔猪的互动。

群体哺乳的一个替代方案是治疗出现问题的母猪，并且如果有必要，将该窝仔猪移给另外一头母猪喂养或者用补充饲料如代乳料、酸奶、配方奶等进行早期断奶。

4.3.1.3 间歇性哺乳

间歇性哺乳即在断奶前2～12天将母猪与小猪分隔开一段时间（2～12小时），该时间段内给仔猪饲喂饲料。目的是帮助仔猪生理上适应断奶环境，即从高度易消化的液体饮食（母乳）转变为断奶后不易消化的固体饮食（饲料）。该技术有利于促进饲料采食及适应断奶后生产阶段。报告显示，仔猪在哺乳阶段即使采集很少量的饲料，也能够更好地适应断奶阶段，因为这些仔猪的消化道更能适应饲料。

该管理技术目前仅处于试验阶段，可能在未来会引起更多关注。

报告显示，仔猪在哺乳阶段即使采食很少量的饲料，也能够更好地适应断奶阶段。

仔猪不能与母猪分离过长的时间。在Kuller等2004年的试验研究中，在哺乳期的最后11天将仔猪与母猪每天至少分开12小时，最多有22%的母猪在该阶段出现发情。间歇性哺乳的仔猪断奶重更低，但是相较于对照组更快恢复到良好的状态。间歇性哺乳的母猪断奶失重更少。

一些研究人员试验哺乳期前21天每天哺乳12小时的间歇性哺乳策略，以促进母猪发情衔接妊娠期与哺乳期。但是结果却并不那么令人满意，主要是因为发情期启动太早，通常没有排卵。

4.3.2 仔猪补饲

三周批次化生产系统让新式的寄养模式无法正确、系统地运行。因此在某些国家，如荷兰，在母猪喂养之外，还会给仔猪提供补饲（图4-5）。由于仔猪生长会受母猪泌乳量限制，因此，额外地补充营养能够促进仔猪生长。

在高产母猪场越来越多地应用两种技术相结合的混合模式，即结合寄养技术和配方奶及其他添加剂组成的补充饲料技术。

图4-5 哺乳仔猪使用的装有乳汁的饲喂碗

4.4 断奶管理

断奶是指将仔猪与母猪分开，并用饲料替代母乳成为仔猪的主要营养来源的时期。该阶段对于仔猪能够开始顺利过渡至保育阶段，乃至育肥初始阶段来说至关重要。断奶对于母猪来说也是一个重要的时间节点，母猪一般在断奶后3～5天显示出发情症状。

4.4.1 仔猪的断奶管理

断奶对于仔猪来说是非常复杂和充满应激的阶段，因为它们经历了一系列非常重要但是剧烈的变化。

· 突然与母猪分开并失去了母猪的保护。

· 换为不同的饲养环境，多数情况下伴随运输，有时是长途运输。

· 栏舍同伴的频繁变化，通常是比原来一窝猪更大的群体，伴随着为建立等级秩序而产生的争斗。

· 对于新的饲喂系统、新的料槽和水槽，仔猪必须学会使用。

· 中断了通过母乳传递的抗体。

· 从温暖的液体饮食转为冰冷的固体饮食。

· 饮水需求更大。饲喂方式发生了剧烈的改变：从每40～60分钟的吸乳周期到自由采食。大多数情况下，它们都没有尝试过自由采食（突然接触植物蛋白）。

仔猪与母猪分隔开后会出现着典型的尖叫和呼噜声，这种情况通常在断奶后立即出现。这些声音的音高和频率可用于评估仔猪的应激程度。3周断奶的仔猪比4周断奶的仔猪叫声更频繁。

4.4.2 母猪的断奶管理

母猪断奶会出现显著的生理变化，即从哺乳期进入到新的发情周期。仔猪停止吸乳时，母猪泌乳也会突然停止。此时母猪的饲料和饮水不应受到限制，这是因为使母猪正常排卵必须保持良好的体况。

断奶时母猪同时也会被转移到猪场其他栏舍。通常它们会被转移到配种控制区的大栏内，这样有利于发情的启动。在配种控制区，母猪按照生产周期和体型分群饲养，这样体型最大的母猪能够让最年轻和最小的母猪采食，同时也可以再次快速建立等级秩序。

断奶目标

母猪

达到良好的体况，有利于：

- 缩短断配间隔；
- 提高排卵率。

仔猪

断奶时体重最大化，以保证：

- 断奶后第1周内的死亡率低；
- 保育及育肥期平均日增重更高。

4.4.2.1 断奶日期

一个猪场的断奶日期可能会不断变化，不仅基于到下一生产阶段（保育、隔离断奶或断奶育肥一体化阶段）的猪群流动，而且基于猪场的配种及分娩管理方式。比如，在周四断奶的猪场通常会在下周一或周二迎来最多的待配母猪。但是，这些配种的母猪将在周四或周五分娩，从而更多地需要在周末管理产房（表4-1）。

前些年随着高产品系（妊娠期超过常规妊娠期1～2天）的出现，某些农场主更倾向于在周末断奶。决定在周六或者周日断奶会导致配种时间发生在一周的后半段，但是分娩时间将会出现在一周的前半段，这样能够保证给予新生仔猪更好的护理和管理。

表4-1　断奶日期与配种、分娩日期的对应关系

	周生产计划						
断奶	周一	周二	周三	周四	周五	周六	周日
周四*	配种	配种	配种 分娩	分娩	分娩		
周六**	分娩	分娩	配种	配种	配种		分娩
周日**	分娩	分娩	分娩	配种	配种	配种	

注：* 妊娠期平均为114天的品系推荐生产计划；** 妊娠期平均为115天的品系推荐生产计划。

4.4.2.2 断奶时间

最好在上午尽早断奶。饲喂完母猪，在仔猪开始哺乳周期之前，应将仔猪从母猪处移走，然后将母猪转移到配种控制区。第2天开始接触公猪及诱导发情（诱情）。

仔猪被转移到新的生产区，并基于大小以合适的密度分别饲养在不同的猪栏。在此引导仔猪采食与饮水，包括给予第一次采食及指示水源处。

尽管是标准化的管理措施，但如果栏舍允许的话，最好不要在断奶后将不同窝的仔猪混群（混群仔猪最多不超过2窝）。这样管理有利于仔猪生长，因为会减少不同母猪来源的仔猪混群时为建立社会等级而产生的打斗。因此，断奶猪栏应该小一点。

4.4.2.3 断奶栏舍

建议断奶后将母猪转移到配种控制区。如果配种控制区位于妊娠舍，应该将母猪放置在拥有良好光照条件的定位栏，以便更好地接触公猪与诱情。

假如能够保证与公猪适当的接触，群养母猪比定位栏饲养母猪断配间隔更短。然而，在实际操作中，群体饲养时妥当管理母猪与饲喂的难度更大。这也是为何在多数情况下母猪断奶后移至定位栏的原因。

充分的光照时间对于避免季节性乏情非常重要。建议使用14～16

小时200勒克斯的光照条件。北欧的猪场会使用联排灯管，将其放置于母猪头部1米的位置（图4-6）。

图4-6 配种控制区配有额外光照（箭头，荧光灯管）促进母猪启动发情公猪效应

4.4.2.4 公猪效应

公猪对母猪繁殖功能产生的影响众所周知。断奶后与公猪直接接触的母猪发情更早。需要在断奶后立即开始接触并且每天持续20分钟左右。

公猪需要在母猪前走动，每次每组诱情的母猪不超过5～6头。因此，建议在配种控制区走道处使用栏门以保证母猪与公猪适当的接触。此外，诱情时两头不同的公猪在场效果更好，因为某些母猪出于反感或者害怕对某些公猪会比其他公猪表现更多的发情症状。没有明显发情症状或者4～5天后仍未发情的母猪应该直接赶到公猪栏。这样处理出于两个原因：增加性刺激以及并非所有母猪出现明显的发情症状。

4.4.2.5 泌乳期及断奶期的饲喂水平

饲喂是保证母猪不损失体况及带仔时保持最佳体重的关键。饲喂水平会受饲喂次数（2～3次）、饲料组成及可消化性、提供的能量水平、饲料的物理状态（母猪采食更多的液体饲料）、水槽类型、妊娠期间饲喂操作导致的母猪分娩体况等因素影响。基于以上因素，该阶段饲喂的主要目标是在母猪承受范围内尽可能地使其达到最大采食量。

在泌乳期及断奶期对母猪进行适当饲喂对于达到合适的断配间隔非常重要。

泌乳期的采食量与断配间隔之间有直接的关系。自主采食量越大，断配间隔越短。两者的相关性在后备母猪更明显。泌乳期适当的采食量能够维持良好的体况。有研究建议在泌乳期，母猪不要丢失超过1分的体况，该传统体况评分系统将母猪的体况分为1～5分（1分对应非常瘦的母猪，5分对应非常胖的母猪），或者如果使用超声设备测量背膘厚度，不丢失超过3毫米的背膘。

在过去几年里，断奶时突击饲喂再次获得关注。突击饲喂指的是提高母猪的饲喂水平，从而刺激发情并提升排卵率。从断奶当天到发情启动（此时母猪食欲显著下降），建议对母猪持续饲喂高能量饲料（突击饲喂料）或者额外添加约150克的葡萄糖。如果无法进行突击饲喂，母猪应该饲喂泌乳料。高采食量至关重要。推荐每天饲喂2次以达到每头母猪每天4～5千克的采食量。

市场上有富含糖的补充饲料，从原理上来说能够提高排卵率，并且由于有利于卵泡发育，可保证窝产仔猪更均匀。这些补充饲料饲喂时间为断奶前3天至断奶后3～4天。

断奶窝重与断配间隔直接相关。断奶窝仔数越大，体重越高，断配间隔越短。

4.4.2.6 影响泌乳量的变量

母猪的泌乳曲线开始为一条上升的曲线，在泌乳大概3～4周时达到峰值，在5周时仍保持高值，然后进入下降曲线并维持一定的持

续期，最后在8～9周停止泌乳。

母猪的泌乳量不仅受其自身品系影响，最重要的是取决于泌乳期的饲喂情况。母猪的泌乳量还受以下因素影响：

- 饮水量。
- 分娩舍的温度、湿度以及通风情况。温度超过20～24℃会降低母猪食欲，从而减少泌乳量。
- 分娩舍安静的环境。
- 季节。夏天气温高时泌乳量减少。
- 母猪及其仔猪的健康状况。
- 母猪胎龄。分娩3～4胎的母猪泌乳量最大。
- 母猪带仔数。
- 仔猪初生重及活力。
- 母猪体况。分娩时肥胖的母猪产奶少。
- 功能乳头数及乳头类型（图4-7）。

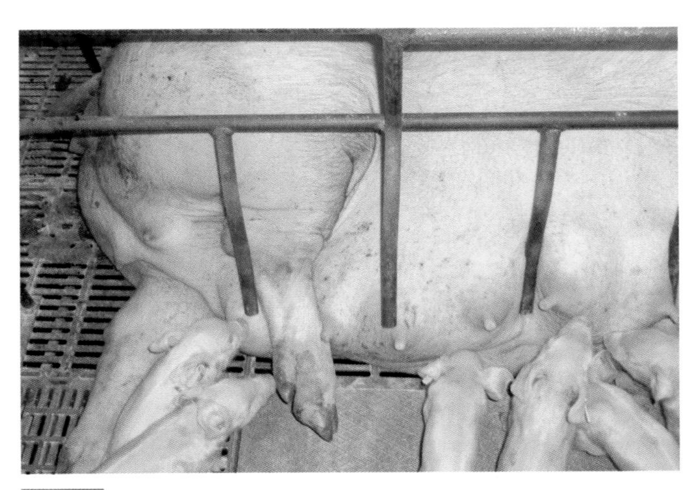

图4-7　母猪腹股沟长有乳头

4.4.2.7 泌乳对繁殖成绩的影响

泌乳时间对断配间隔影响很大，过短的泌乳时间影响尤其大(图4-8)。泌乳期间母猪不发情，其原因是吸乳的仔猪刺激母猪产生催乳素，而催乳素抑制卵泡的激素分泌及发情周期的启动。泌乳期应足够长来确保母猪子宫恢复正常，即让子宫组织再生从而有利于此后的妊娠周期（图4-9）。2胎以上母猪低于18天断奶以及头胎母猪低于21天断奶会对子宫恢复产生负面影响，随之造成断配间隔的增加。

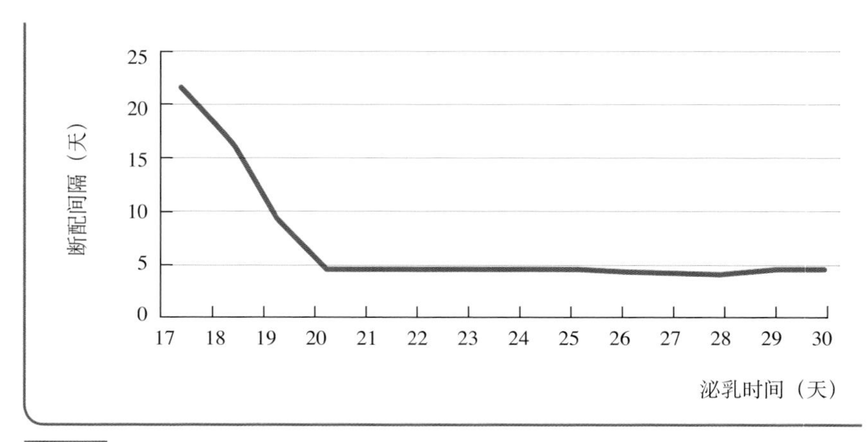

图4-8 断配间隔及其与泌乳时间的关系。资料来源：改编自Oliva, J.E., Efficiency in farrowing units, Fatro seminar，2014

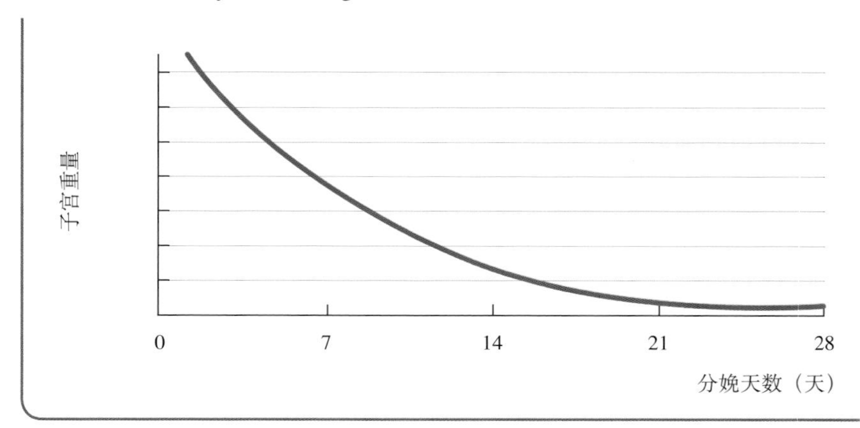

图4-9 分娩后子宫恢复曲线。资料来源：改编自Whittemore, C.T., The science and practice of pig production, Harlow Scientific and Technical Editions, Arlington，1993

当进行部分断奶或者使用奶妈猪时，断配间隔可能更长，甚至出现不发情。这是由于子宫恢复不正常或者在多数情况下是由母猪泌乳期间启动发情造成。其原因在于仔猪吸乳刺激减少造成母猪催乳素下降而引发情期。

受泌乳时间影响的其他方面：

· **发情启动**。断配间隔越短，发情期越长。排卵一般发生在发情周期末。根据断配间隔来调节人工授精的程序非常重要。

· **受孕率**。断奶日期越早，受孕率越低。当仔猪早于20天断奶时，母猪受孕率降低尤其明显。

· **窝产仔数**。泌乳天数少的断奶母猪窝产仔数通常更低（图4-10），其原因是缺乏足够的子宫恢复时间，从而导致了排卵率和胚胎存活率的降低。

· **仔猪断奶重**。泌乳时间越长，仔猪断奶重越高（图4-11）。仔猪在哺乳期平均每天增重250克，在哺乳期最后一周平均每天增重

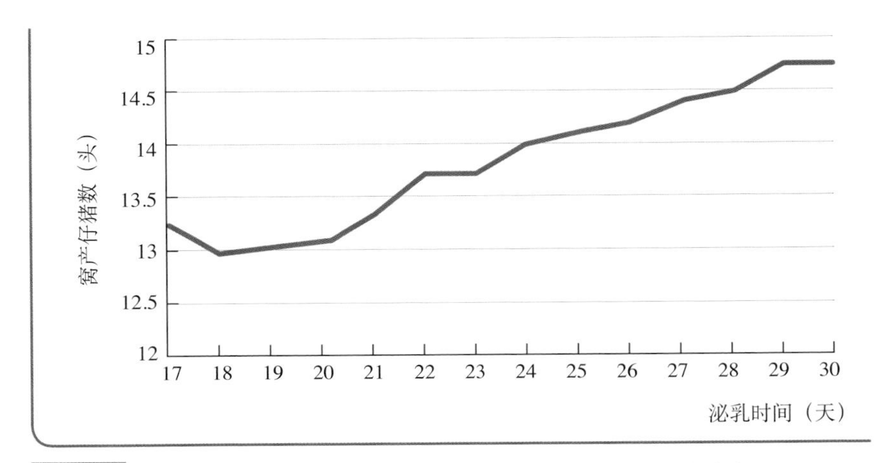

图4-10 泌乳时间对下一胎窝产仔猪数的影响。资料来源：改编自Oliva, J.E., Efficiency in farrowing units, Fatro seminar, 2014

图4-11 仔猪将于28天断奶，并且断奶体重将超过9千克。图片由Salvador Batalle惠赠

300克左右。此外，断奶仔猪越多，平均每头仔猪断奶重越低。基于此，一些育种公司在过去几年设立了结合断奶仔猪数与断奶均重的断奶目标，即每头母猪每年提供200千克的断奶仔猪。

· **母猪的终生繁殖力**。泌乳期短的母猪比泌乳期长的母猪每年产更多窝数。但是泌乳期短会引发更高的代谢需求，从而造成超常的母猪过早淘汰。

早期断奶的优缺点

优点	缺点
泌乳期短，从而每头母猪每年产更多窝数	仔猪体重越低，活力就越低
泌乳期短可以提高产房的周转率。分娩舍在猪场生产中所占成本最大，需要的分娩舍越少，越可以节省开支	断奶早的仔猪对环境要求更苛刻。需要特别的栏舍、饲养和管理措施
从健康角度来说，仔猪早期断奶时健康程度更高，其原因在于某些母猪的疾病不会在很小的日龄传播给仔猪	仔猪断奶时太小，需要在保育舍待更长时间，这就需要保育舍空间更大
	从母猪角度来说，早期断奶意味着能够让母猪子宫恢复正常的时间更少

4.4.2.8 基于仔猪日龄的断奶类型

根据当前欧洲动物福利法规的要求，仔猪断奶日龄不得低于28天，除非兽医建议作为控制或者净化某一疾病的特别控制措施而实施早于28天断奶，而且前提是这些断奶仔猪会被带到专门建立的栏舍。

在过去几年里出于健康和管理的原因都倾向低于21日龄断奶。剑桥大学和艾奥瓦州立大学的Tom Alexander和Hank Harris的研究是推动该趋势的尤为重要的原因。两位专家都建立了一种学说，或者称为隔离断奶原则，该学说旨在控制许多由母猪向仔猪传播的疾病。

隔离断奶原则涉及生产无特定病原的仔猪，即主要通过早期、加药（饲料添加药物根除特定病原）、隔离（仔猪母源抗体水平仍很高时从母猪处隔离开）进行断奶。这些理论给全球的养猪生产带来重要革新，其中的某些观点和概念即便在当前也有重要意义。比如两位学者为了阻断很多从母猪向仔猪传播的疾病而提倡低于21日龄断奶（表4-2）。

表4-2 早期隔离断奶，为防止传染性病原向仔猪传播的最大断奶日龄

感染／疾病	日龄（天）	为获得更高的安全性而使用药物／疫苗
传染性胸膜肺炎（APP）	＜28	药物
伪狂犬病毒	21	疫苗
波氏杆菌	5	药物＋疫苗
猪流感病毒	16	无
肺炎支原体（地方流行性肺炎，EP）	10	药物＋疫苗
产毒素多杀性巴氏杆菌（萎缩性鼻炎，AR）	8～10	药物＋疫苗
猪呼吸道冠状病毒（PRCV）	＜14（未知）	无
蓝耳病病毒	＜16（不确信）	无
球虫	—	不可能
大肠杆菌	—	不可能
内寄生虫	＜14	药物
细小病毒	＜28	疫苗
猪痢疾	＜21	药物
传染性胃肠炎（TGE）	21（未知）	无

资料来源：Muirhead, M.R and Alexander, T.J.L, Managing Pig Health and the Treatment of Disease, 5M Enterprises, Sheffield, UK, 1997。

这些理论已经升级，既是因为动物福利，也是为了获得更高的断奶重和子宫更好地恢复。目前养猪生产更倾向于28天断奶，从而获得更好的生产成绩和繁殖成绩。然而，仍然有很多养猪场选择平均24～25天断奶。

考虑到仔猪断奶时经历的强应激，仔猪日龄越大，体重越大，就越能更好地度过应激期。此外，仔猪的酶解系统和消化系统也会越完善，这对于向饲喂饲料过渡很重要。

4.4.2.8.1 超早期断奶（5～8日龄）

该方法只应用于病原净化项目，并联合使用隔离断奶中应用的全进全出策略及抗生素治疗。通常仔猪在断奶后的最开始几天，会在特定的栏舍饲喂温热的液体饲料。这些饲料通常富含奶水。

超早期断奶最主要的缺点在于没有足够的时间让母猪子宫完全恢复。

在最强壮的仔猪前3天摄取了初乳之后即可对其实施部分断奶(参见第3章)，但前提是仔猪过多并且不对母猪进行断奶。

4.4.2.8.2 标准的3周龄断奶

3周龄是过去几年里断奶的标准日龄，目前很多2周批次或者3周批次生产场仍然进行3周龄断奶。

仔猪的平均断奶日龄为21天（时间从18到23天不等），但很多母猪在18天断奶。这样不利于子宫恢复并且会造成接下来繁殖周期内的繁殖性能的下降。

4.4.2.8.3 28天断奶

28天是最佳推荐断奶日龄（图4-12）。其中大多数原因已阐述过了，但是最主要的原因是仔猪能够达到更高的断奶重。其结果是仔猪能够在断奶阶段更早地采食，并由于酶解代谢和肠道功能更完善，仔猪断奶阶段生长更快，消化系统问题更少。以上所有因素都能够显著降低死亡率。

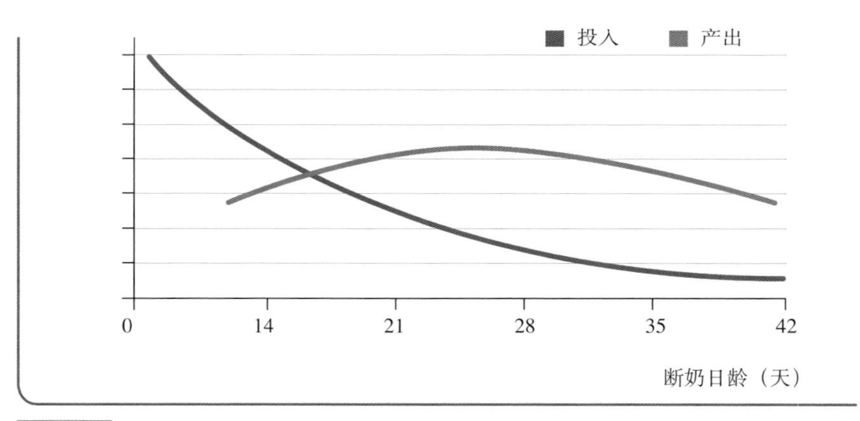

图4-12 投入产出曲线，显示为何28天断奶效果最好。资料来源：改编自Whittemore, C.T., The science and practice of pig production, Harlow Scientific and Technical Editions, Arlington, 1993

4周龄断奶能够提高哺乳期仔猪饲料采食量，从而降低断奶时的应激。

断奶重与屠宰重之间呈现明显的正相关关系（表4-3）。

当仔猪平均28天断奶时，一些母猪可以21天断奶并且进入第二个泌乳周期，从而为第二窝仔猪多哺乳14天。如果所带仔猪已经达到合适的体重，或者母猪本身出现体况损耗，那么可以在21天断奶。

相比较通过饲喂饲料或者其他营养替代品，通过母猪喂养仔猪而获得更高的仔猪体重的方式更划算。

表4-3 初生重对断奶重及上市前整个育肥期生长效率的影响

初生重（高体重与低体重）对断奶重及屠宰前饲料采食量及生长情况的影响			
		高体重	低体重
体重（千克）	初生重 断奶重（20天）	1.83 6.6	1.38 5.7
断奶至110千克	日平均采食量（ADI，克/天） 平均日增重（ADG，克/天）	1 866 851	1 783 796

资料来源：改编自Pluske, J.R. et al. Weaning the pig, Concepts and consequences Wageningen Academic Publishers, The Netherlands, 2003。

4.4.2.9 部分断奶

部分断奶指的是将一窝中的一小部分仔猪移走，从而让母猪泌乳结束时维持更好的体况。部分断奶操作通常在泌乳期的第3周到第4周之间进行，并且取决于每个猪场的断奶日龄和断奶策略。该技术将每窝超过12～14头仔猪中最重的2～3头仔猪在常规断奶前2～4天进行断奶（每窝剩下10～11头仔猪）。这样每窝剩下的仔猪由于不必跟最强壮的仔猪（已经断奶）竞争从而更快速地生长，同时母猪不会损失太多体况，否则最强壮的仔猪乳汁需求量太大会导致母猪泌乳量激增。

该技术只能应用于仔猪28天断奶的猪场，并且仅用于断奶前7天，这样做是为了能够让仔猪获得足够让其顺利度过断奶阶段的最低体重。部分断奶在泌乳期为21天的猪场应用效果较差。每窝断奶最多不能超过2～3头仔猪，母猪剩下的仔猪不得低于10头。如果仔猪的吸乳效应（产生催乳素及正常产奶的主要刺激因素）突然降低，将会出现母猪泌乳期发情的风险，这在某些品系的母猪上风险更大。养殖者常常觉察不到泌乳期启动的发情，母猪并未在断奶后如期发情，会对配种时间造成困扰，并会延长断配间隔。另外，多数情况下其原因可能是极早的发情启动，如断奶后3天即发情。

一些研究显示对长泌乳期的头胎母猪或者二胎母猪实施部分断奶会缩短断配间隔，并在接下来的生产周期中获得更好的生产成绩和繁殖成绩。

对短泌乳期的母猪实施部分断奶可能造成发情极早启动，并对查情造成困扰，也会延长断配间隔。

4.5 泌乳期发情

如果因为任何原因造成吸乳效应显著降低，母猪会在泌乳期出现发情现象，且此刻母猪仍在泌乳。这种现象要比预想的更为常见，尤其有些养殖场使用的母猪品系更容易发生泌乳期发情。这种情况下，应该在泌乳末期密切观察母猪的行为和采食量，其原因在于母猪泌乳期发情的采食情况与断奶母猪不一样。

分娩舍的环境不利于母猪出现典型的发情征兆，当养殖场员工缺乏相关意识时尤为明显。

造成泌乳期发情的一些原因如下：

- 产后7天窝内仔猪大量死亡。
- 过饲，尤其是一日多餐。
- 对超过2～3头仔猪实施部分断奶，尤其将最强健的仔猪在常规断奶前7天就移走。对乳汁需求量的减少会导致母猪3～5天后开始发情。
- 断奶前将几窝仔猪混群的群体哺乳技术会导致仔猪对母猪吸乳刺激不足。
- 泌乳期延长，尤其用作奶妈猪的母猪所带仔猪日龄很小（乳汁需求更小，吸乳能力更弱）。
- 无乳问题。
- 仔猪饲喂补充饲料，这样它们对乳汁的需求量大幅降低。
- 延长间歇性泌乳时间。
- 其他导致乳汁需求量减少的因素。

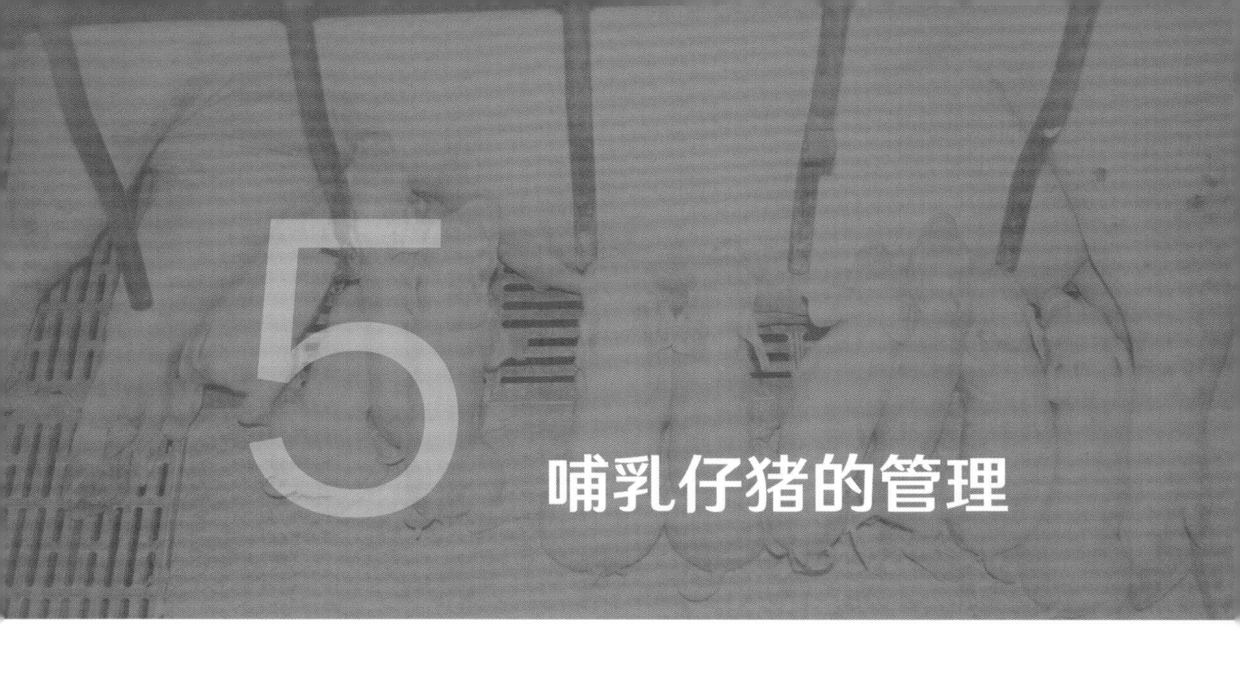

产房仔猪管理的目标是尽可能多地得到断奶体重和健康度更高的仔猪，适宜的环境和良好的管理是实现以上目标并有效地降低断奶应激的必要条件。

仔猪21日龄断奶时的体重应大于6～6.5千克，而在28日龄断奶时体重应达8～9千克。

本章详述了最大限度提高新生仔猪成活率、获得适宜的断奶重和健康度的关键措施。还总结了初乳的重要性以及在仔猪处理过程中为预防某些疾病而采取的主要治疗措施。

5.1 出生–断奶死亡率

猪出生至出售期间的死亡，绝大部分发生在出生–断奶期间。50%以上仔猪死亡发生在出生后前几天。断奶前死亡严重影响了每头母猪每年的产肉量，并且会造成总的生产成本的增加和利润的降低。

> 毋庸置疑，以对新出生几个小时内的仔猪提供最佳照顾为目标的产房的管理是降低断奶前死亡率的最好办法。

仔猪在出生-断奶期间的死亡率为12%～13%（2013年的BDporc的数据显示平均死亡为12.14%）。在产房管理出色尤其是关注产程管理的农场，这一数据可以降低至4%～5%。但是，随着超高产品系母猪的出现，这个数据反而升高了，因为这些母猪分娩的仔猪大小更加不均一，也可能会有更多的弱仔。适宜的奶妈猪和交叉寄养操作是解决这一问题的关键。

饿死、低体温症、压死、腹泻和出生时活力低下都是产房仔猪死亡的主要原因（图5-1），占新生仔猪死亡的80%以上，一般发生在仔猪出生后的前3天。

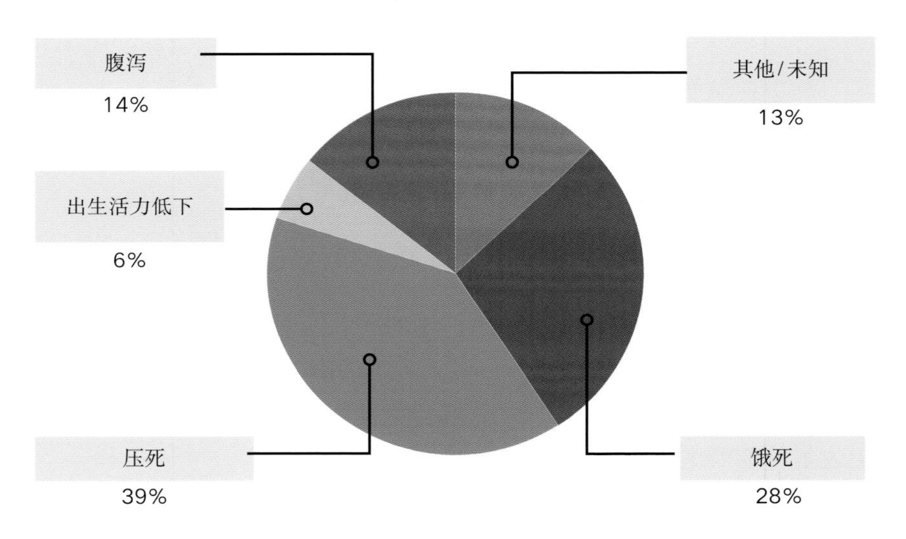

图5-1　出生-断奶期间仔猪死亡的原因

影响仔猪活力和成活率的因素包括：

- 亲本（种公猪与母猪）相关因素。
- 仔猪相关因素。
- 与监管分娩母猪和新生仔猪的员工有关的因素。
- 母猪饲料相关因素。
- 猪场设施与环境控制相关的因素。

为了避免新生仔猪早期死亡，必须保证仔猪摄入足够的初乳，并为它们提供舒适的热环境，以防止热量和能量的损失。同时要执行良好的产房管理来减少仔猪接触病原的机会，并实施正确的交叉寄养来提高仔猪成活率。

分娩全程应受到监管。如果是诱导分娩，应该有专业的人员在场监控全过程。

分娩过程中和结束后几个小时内的初乳摄入必须足够。

大多数的母猪喜欢横卧，往往只有上排乳头露在外边。经产母猪往往乳腺偏大，不利于瘦弱仔猪接近其乳头。只有少量暴露的乳头，不利于整窝仔猪的初乳摄入。

此外，仔猪出生时没有任何抗体，它们仅有维持1天生命所需的脂肪和能量。出生后数天的仔猪才能慢慢自我调节体温，任何可以导致初乳和常乳的分泌量或者吮乳量减少的因素都势必会影响仔猪的生长速度和健康状况。

如果仔猪出生后周围环境潮湿、地板冰冷或环境温度低，会加快仔猪自身葡萄糖代谢，机体储备的糖原很快被分解消耗。若乳汁摄入不足，仔猪非常容易死亡。此外，仔猪相对于其体重，具有更大的比表面积，较成年猪而言，会损失更多的热量。

图5-2中汇总了造成仔猪断奶前死亡的原因（尤其是出生的第1天）。

另一个关键点是出生重，如果出生重在适宜的范围内，仔猪成活率会显著提高（图5-3）。育种公司除了统计妊娠期的几个关键因素（如正确的饲喂等）外，还把出生重作为一项重要的统计要素。因为出生重和成活率一样，也是可遗传的。基因改良与新的高产品系显著提高了窝均产仔猪数，但是窝内仔猪均匀度与体重差异也随之显著增加。因此，仔猪出生重就显得极为重要。

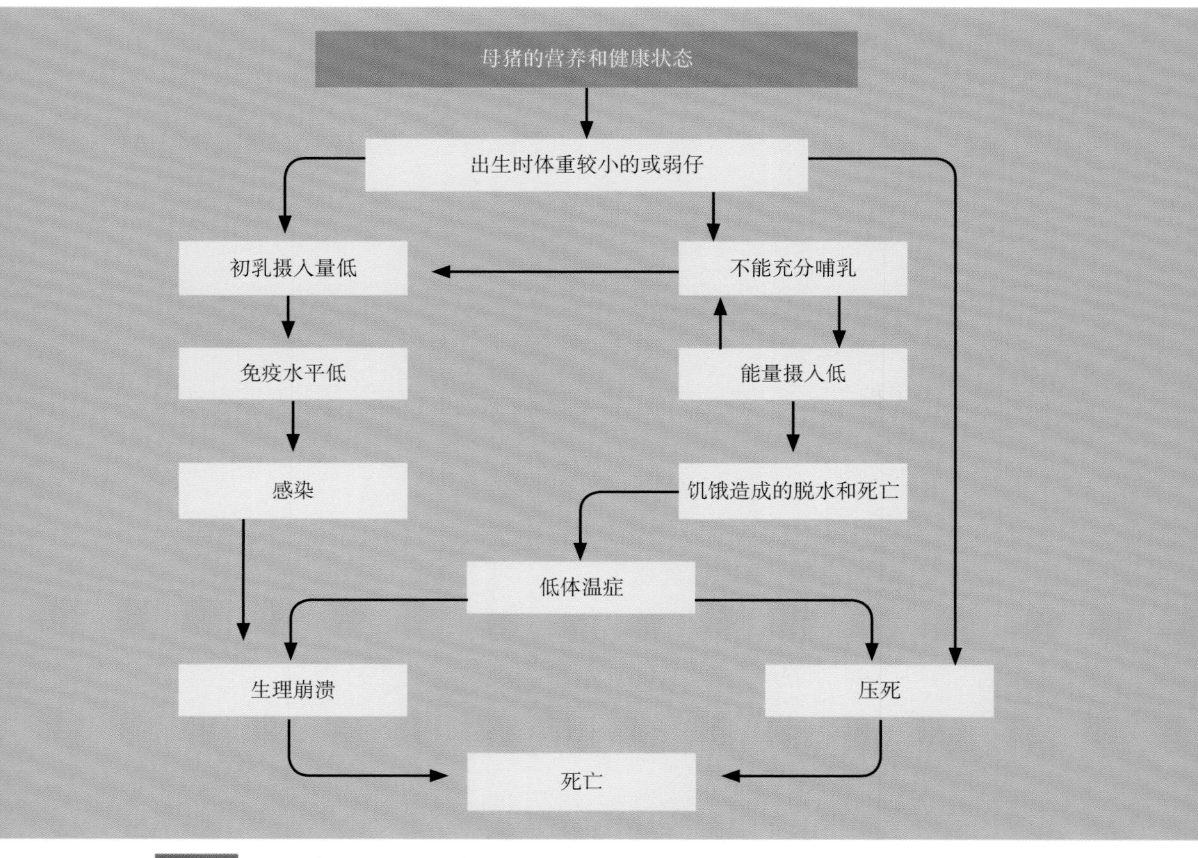

图5-2　造成断奶前死亡的各种原因之间的关系

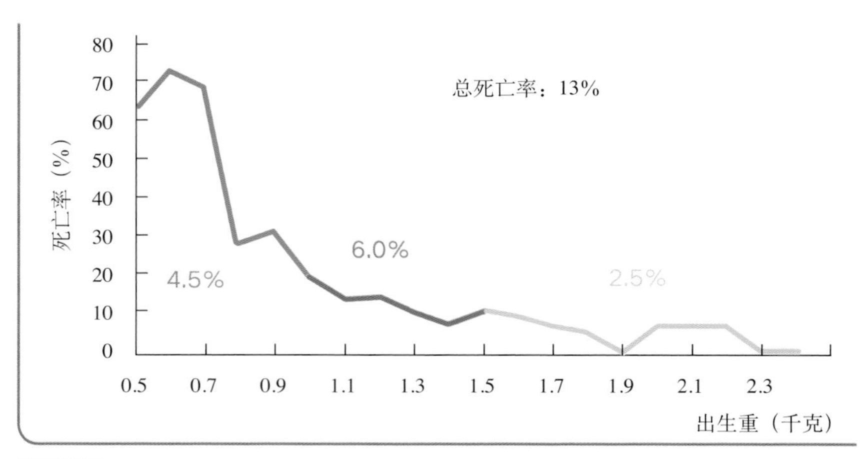

图5-3　出生重与死亡率的关系。资料来源：Thorup, F. www.porkcrc.com.au/Flemming_Thorup.ppt

体重增加对于将体温维持在热中性区以上（35～36℃）和储备体内脂肪是必需的。如果仔猪能够在出生的第1天增重10%，仔猪成活率将显著提高。

研究证明，高达70%的低于600克的仔猪在出生后24小时内死亡。

为了控制这些因素，我们必须保证：

· 基因改良要向提高新生仔猪成活率、出生重最大化倾斜。

· 正确使用乳头式饮水器，保证母猪和仔猪饮水充足。

· 饲喂器和料槽完好无损。

· 防压猪设备养护良好，调整适度。

· 仔猪出生时发育完全。

· 产床舒适、清洁。

· 定期检查通风和加热设备，确保适用。

· 仔猪均匀地分群到各单元。

· 母猪膘情合适。

· 母猪健康，及时对有临床表现或疑似感染的个体进行治疗。

· 母猪乳房状态良好，有足够的有效乳头。

· 母猪的生产记录和病史必须及时更新，数据来源可靠。根据历史数据，确定每头母猪可以哺乳仔猪的数量。

· 员工技能培训和提升，操作规程清晰和精准（如交叉寄养、分批哺乳等）。

另一个需要牢记的要素是分娩后第5天的活仔猪数，尤其是在高产品系，因为高产品系具有较高的出生-断奶死亡率。过去，母系猪的选种主要考虑高产这一指标，近几年开始考虑其他特征，如使用年限、体型、整窝生存能力、分娩后第5天的活仔猪数。这些指标被认为是通过基因选育获得适应养猪生产的高性能种猪的关键。

5.2 初乳及其摄入量的重要性

母猪分娩后能迅速地分泌初乳。初乳中富含蛋白质和免疫球蛋白，为新生仔猪提供大量易消化的营养元素，是新生仔猪赖以生存的营养物质。此外，初乳也含有器官发育所需的生长因子。

与常乳相比，初乳中含有较多的蛋白和免疫球蛋白IgG。但是脂肪、乳糖和免疫球蛋白A含量较低。

值得注意的是，常乳组分似乎不受母猪胎次和带仔数的影响。

初乳的主要功能是给仔猪提供能量和被动免疫力，同时初乳也能促进新生仔猪胃肠道的发育。

初乳的摄入与出生后1小时内仔猪成活率直接相关（图5-4）。

初乳中含有丰富的免疫球蛋白。分娩后6个小时内，免疫球蛋白IgG在初乳中占主要成分，随着哺乳期延长，IgG含量逐渐下降。过早地诱导分娩，会导致初乳中IgG的含量下降（图5-5）。

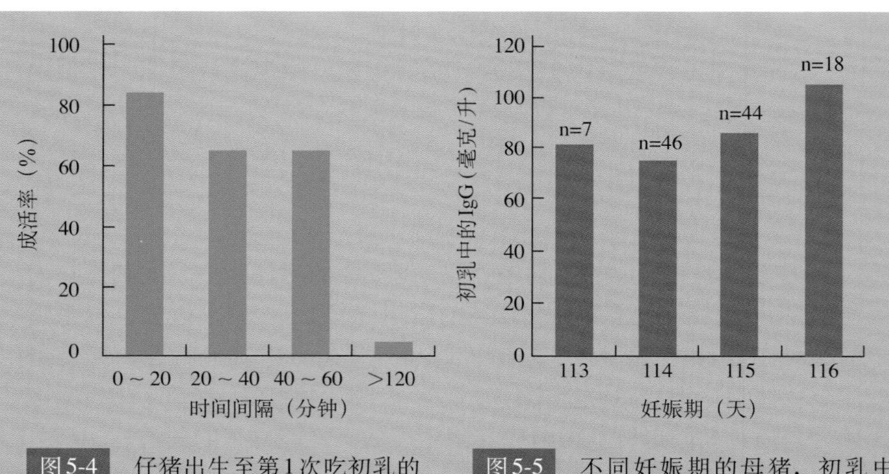

图5-4 仔猪出生至第1次吃初乳的时间间隔与成活率的关系。资料来源：Palomino, A. Av. Technol. porc. 4, 2007

图5-5 不同妊娠期的母猪，初乳中IgG含量。资料来源：Gin et al., 2008, unpublished data. Cited by Martineau, J.P. and Badouard, B. London Swine Conference, 2009

仔猪通过两个途径获取氨基酸：一个途径是通过酪蛋白获取，酪蛋白同时还负责钙的转运和参与矿物质的吸收；另一个途径是通过血清蛋白获取，包括白蛋白和免疫球蛋白。白蛋白和免疫球蛋白是机体获得性免疫的主要物质，同时也负责维生素和生理调节因子（如激素、生长因子）的转运。

与常乳相比，初乳中含有较少的脂肪。从分娩后第1天到第3天，初乳中的脂肪由5%增至13%，在泌乳后期降至6%。初乳中还有高含量的维生素。

猪的胎盘为上皮绒毛膜胎盘，能够阻止免疫球蛋白通过胎盘传递给子宫中的胎儿，因此，新生仔猪的血液中没有免疫球蛋白。它们依靠出生后的几个小时内摄入初乳获得母源性的体液免疫。通过初乳吸收适量的IgG、IgA和IgM是至关重要的，因为这些免疫球蛋白一旦被肠黏膜屏障吸收，可保护仔猪免受肠道和全身疾病的侵袭。

仔猪出生后，初乳中免疫球蛋白的水平急剧下降。到第1头仔猪出生后的12小时，可降低30%以上。因此，务必让仔猪在出生后的数个小时内摄入足够的初乳。

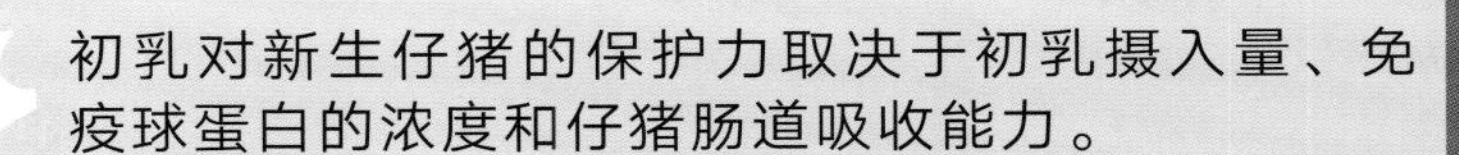
初乳对新生仔猪的保护力取决于初乳摄入量、免疫球蛋白的浓度和仔猪肠道吸收能力。

仔猪出生8～12小时后，通过小肠壁吸收免疫球蛋白的效率最高，但是肠道的通透性逐渐下降，出生24小时后，肠道通透性完全消失。

初乳的泌乳量波动较大。分娩后24小时的平均泌乳量约3.5千克，但是变动范围较大（2～6千克）。初乳的泌乳量不会随着仔猪体重和产仔数的增加而增多，因此，当产活仔猪数增多时，它们获得的平均初乳量是减少的。在高产母猪或产仔较多的窝次，必须要做好接产护理和分批哺乳。

母猪管理的目标就是要确保母猪分泌足够的初乳/常乳，以保证仔猪生存和快速生长。产后第3周，母猪泌乳量最多，随后开始呈下降趋势。当泌乳量开始下降时，为了获得体重更大的断奶仔猪应该及时对仔猪进行补料。

5.3 分批哺乳

分批哺乳是降低断奶前死亡率的一项技术（图5-6）。该技术主要用于控制初乳的摄入，保证仔猪都能吃上初乳，多用于产仔数较多的窝。人为干预缩短了分娩到吃上初乳的时间间隔，降低了体温的下降幅度，增加了所有仔猪获得足够初乳的概率。

分批哺乳不是一项非常难的技术，但是需要猪场工作人员尽心尽力，并且，这项工作是超值的。为了做到这一点，一旦母猪开始产仔，它的仔猪就会被监控，摄入足够的初乳的仔猪就会被放到温暖的地方，这样那些还没有吃过初乳的猪就可以不用和它们竞争了。1～2小时后，可以把刚才移走的仔猪转回或者与现在哺乳的仔猪对调（图5-7和图5-8）。采用这种方法哺乳，初乳分配更合理，也更加高效。更为重要的是，这种哺乳方式更加便于最弱小的仔猪摄入初乳，提高其成活率。

图5-6　分批哺乳技术

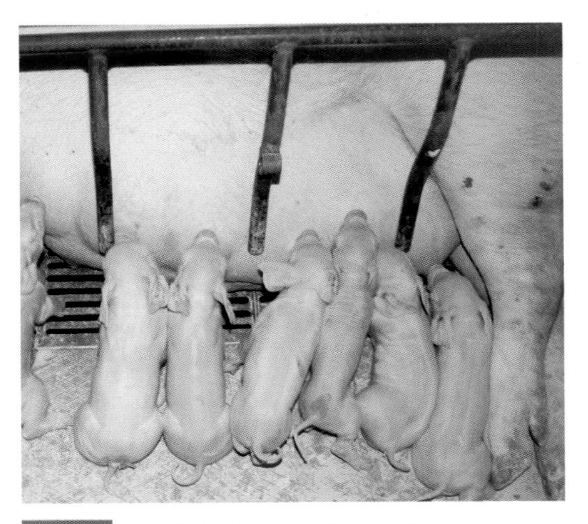

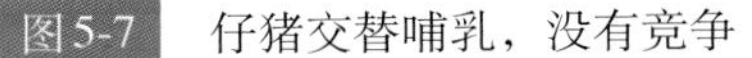

图5-7 仔猪交替哺乳，没有竞争

图5-8 等待哺乳的仔猪

分批哺乳需要把一部分仔猪放到靠近热源的地方，以便所有仔猪都能摄入适量的初乳。

一般有两种方法：

· 如果分娩已经结束，把最大的仔猪移走，确保小的仔猪能吃上初乳，必要时可以人工辅助。

· 如果正在进行分娩，把新生的仔猪放到暖和的地方，避免热量的损失。把那些出生较早、体温已经恢复的仔猪放到母猪身边进行哺乳。

分批哺乳时，仔猪大概需要移走1～1.5小时，用记号笔或者喷漆把吃够初乳的仔猪做好标记。

5.4 仔猪的常规和特殊处理

在产房管理中，需要牢记与欧洲动物福利法规有关的两个问题：

· 仔猪不能早于28日龄断奶。只有在仔猪会被转移到专门准备的设施时，才允许在21日龄断奶。

· 除非有证据表明，无论采取何种措施都不能控制咬尾、咬耳和咬乳头，否则不能把仔猪断尾、剪牙作为日常的工作。如果需要7日龄后进行阉割，只能由兽医执行，并且要进行麻醉和镇痛。

仔猪饲养程序和日常的治疗主要包括剪牙、消毒并拧断脐带、动物鉴别和灌服抗球虫药。有时也包括仔猪八字腿治疗、阉割、补充营养和其他治疗，个体或整窝称重。上述措施的执行顺序因农场工人的喜好而异，或取决于技术标准或兽医的标准。

很多生产者只是实施部分处理程序，或者推迟到3或4日龄进行处理，目的是减少应激。然而，在1日龄时仔猪体重轻，更容易保定，实施起来更加方便。但是，如果猪场的哺乳期死亡率非常高（高于15%），那么最好是把断尾、剪牙和阉割推迟数天（至少对于最小的个体如此）。

最好是把常规仔猪处理推迟到3日龄，至少是最后一批母猪分娩结束后的24小时。这样有利于保持产房安静，利于母猪顺利分娩。仔猪也更有活力，能更好地面对应激，初乳的摄入也基本不会受到影响。

理想状况下，常规仔猪处理应该推迟到3日龄，至少是在最后一批母猪分娩24小时后进行。

理想情况下，仔猪应被适当保定，以便断尾、剪牙、脐带消毒和补铁能迅速完成（图5-9），期间不需要更换姿势。

常规仔猪处理常常需用小推车（图5-10），使用前要确保小推车被彻底清洗和消毒。现在市售的一些小推车已经实现了部分功能的自动化，在规模化猪场中非常实用（图5-11）。为了降低大肠杆菌等的感染风险，用于仔猪操作的必需品都要保证清洁和完好无损。

用过的针头应立即放入盛有消毒剂的容器。针头如果完好无损且锋利，可以干燥后再重复利用。

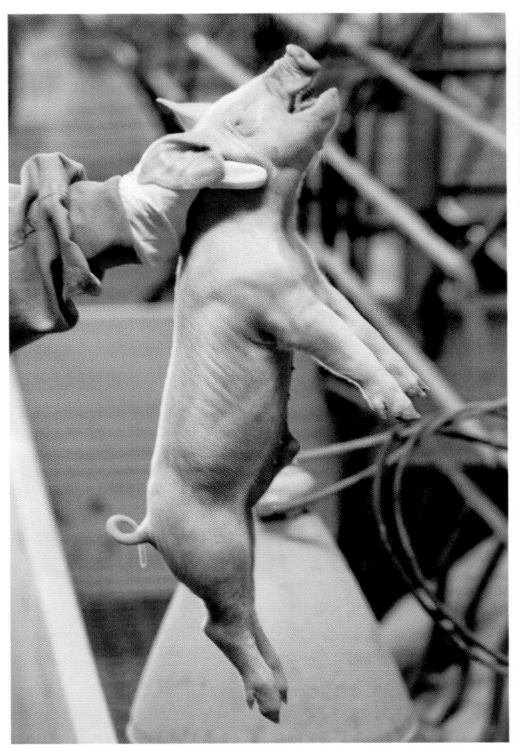

图5-9 常规仔猪处理的正确保定姿势

图5-10 用于常规仔猪处理的小推车

图5-11 用于常规仔猪处理的多功能小推车。图片由Schippers提供

5.4.1 常规仔猪处理和日常治疗

5.4.1.1 断尾

断尾是为了避免仔猪混群饲养时咬尾。咬尾一般发生在过渡期的最后阶段和育肥期，只有在调查完各种原因，采取各种措施均没有收到效果的情况下，才允许对仔猪进行断尾。

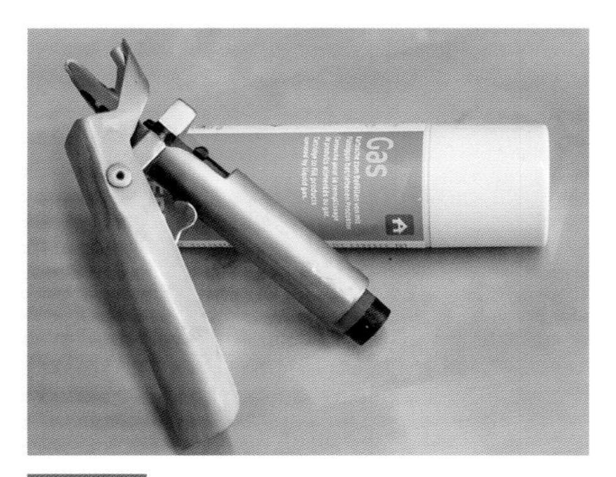

图5-12　断尾时必备设备

断尾一般选择在出生后的几天实施，这时应激较小、环境更加清洁（分娩时，产床相对清洁），仔猪摄入初乳后具有高水平的被动免疫力。

断尾时最好采用专门的设备（图5-12）。除切断尾巴外，应对断尾处进行灼烧，以防止流血、阻止病原感染。

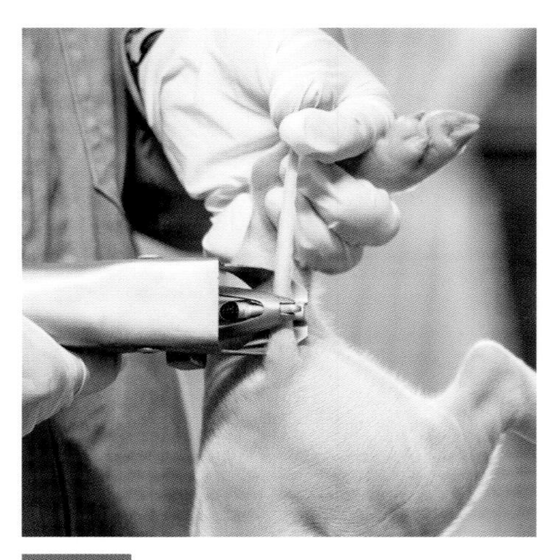
图5-13　断尾

断尾时尾巴应保留原长度的1/3左右（图5-13和图5-14）。如果尾巴断的太长，可能会太靠近肛门，导致脱肛的比例升高，或由于感染导致后肢瘫痪。相反，如果尾巴断的太短，仍然会出现咬尾。

在选育场或者繁育场，母猪（未来作为种母猪）断尾时要留的长一些，主要是便于猪场的工人操作。

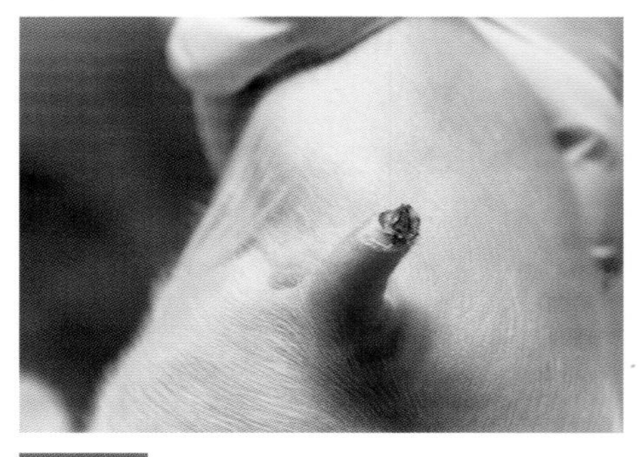
图5-14　剪短的尾部

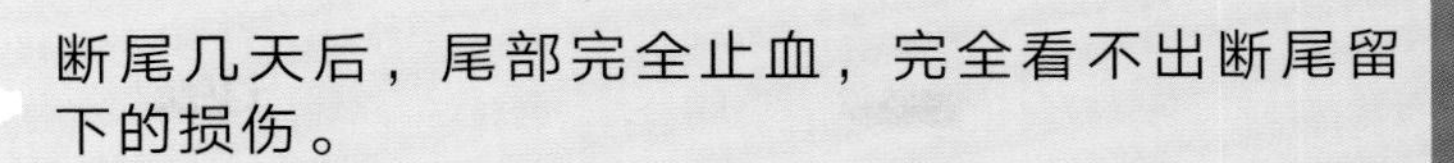
断尾几天后，尾部完全止血，完全看不出断尾留下的损伤。

如果采用剪牙钳，务必要保证刀刃锋利，窝与窝之间彻底清洁。

在某些操作中，为了防止病原体，尤其是消化系统的病原体在两个区域之间传播，不应该使用同一工具来剪牙或断尾。

5.4.1.2 仔猪标识

仔猪标识的目的就是持续地进行仔猪鉴定，以便在遗传选育系统中记录个体参数或在日常生产系统中实现可追溯。

耳标或者刺青是最为常用的技术（图5-15至图5-20）。有些国家采用耳缺进行标记，如丹麦。耳缺是采用预先定义的编码，在出生时就对种猪进行编号。

- 市场上有各种类型的耳标可供选择，耳标可以终生携带。
- 给猪打刺青时，先将刺针在刺青钳上按分配好的编码排列好，然后将刺针蘸上油墨，利用刺青钳将编码打到猪的皮肤上。

5.4.1.3 剪牙

新生仔猪的上下颌有8个尖锐的牙齿。在母猪泌乳期，为了防止咬伤母猪乳头或同窝仔猪，往往会把牙齿剪短一些（图5-21和图5-22）。剪牙时切忌不要剪得太短，因为剪得太靠近牙龈，非常容易继发细菌感染。操作时也要注意不要伤到仔猪的舌头。

现在流行不剪牙，或者只在母猪因为乳头疼痛、仔猪渗出性皮炎恶化或仔猪头部坏死杆菌感染而拒绝哺乳时才剪牙。

耳标

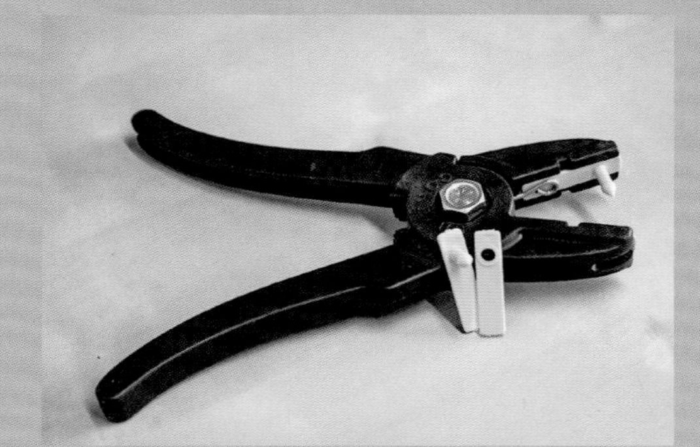

图5-15 必需品：耳标钳和耳标

图5-16 给仔猪打耳标

图5-17 带着耳标的小猪

刺青

图5-18 给仔猪打刺青用的物品。图片由Luis Laborda提供

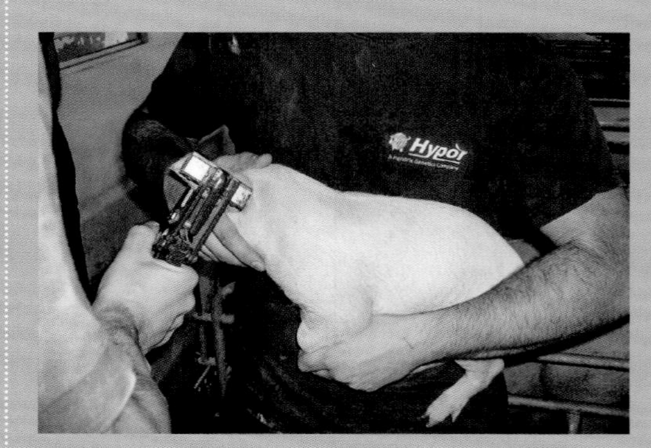

图5-19 仔猪刺青操作步骤。图片由Luis Laborda提供

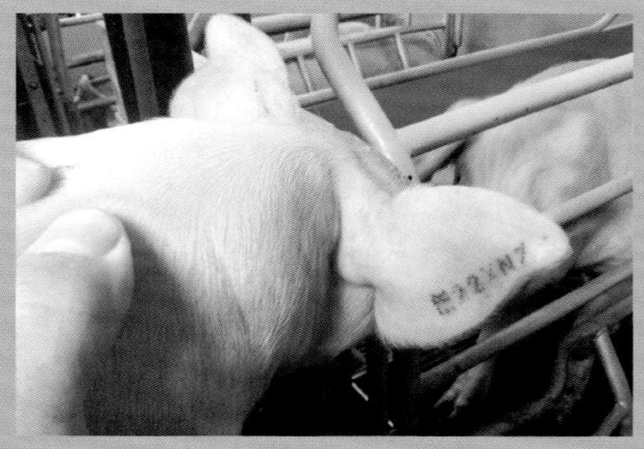

图5-20 打上耳刺青的仔猪

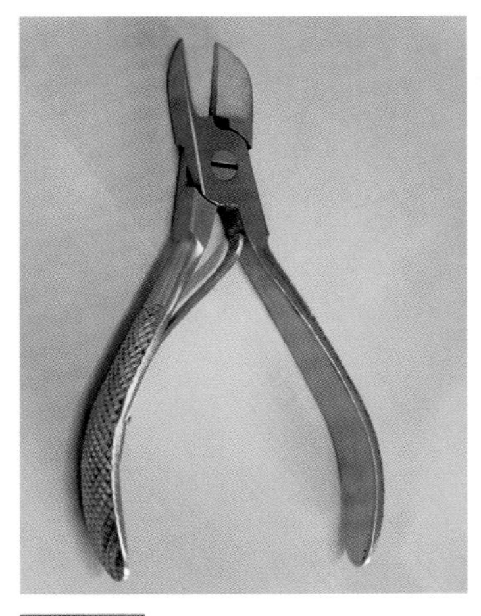

图5-21 剪牙钳

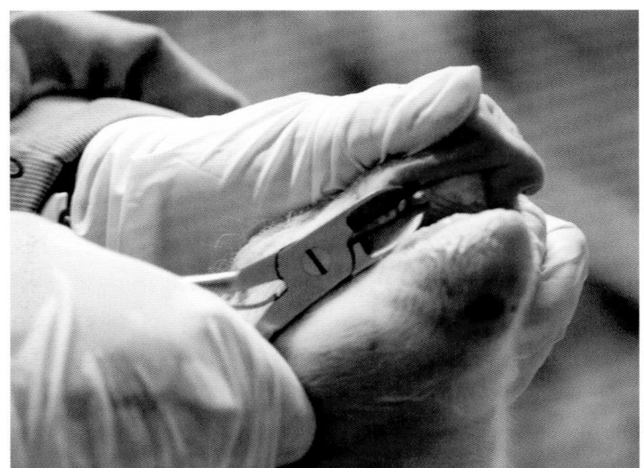

图5-22 给仔猪剪牙

给仔猪剪牙时，剪牙钳一定要锋利，刀刃没有磨损。剪牙时剪掉一半的牙齿就可以，没必要把整个牙齿都剪掉，这样也可以避免伤及仔猪的嘴部，不会影响仔猪吮乳。此外，剪牙时剪牙钳应与牙齿垂直，同时也要注意卫生，这样牙齿才没有缺损。

仔猪口腔里滋生大量的细菌，在不同窝之间操作时，剪牙钳一定要消毒。当然，也可以使用磨牙器进行操作，但磨牙器操作起来比较复杂，而且费时。

5.4.1.4 补铁

仔猪经常会出现缺铁性贫血。铁是血红蛋白的主要成分。血红蛋白主要负责将氧从肺脏运输到各个器官，同时将代谢产生的二氧化碳运输到肺脏。血红蛋白还有调节血液pH的作用。

如果仔猪缺铁，那么就会造成血红蛋白不足，血红蛋白合成减少，进而导致红细胞数量下降。

根据严重程度不同，贫血分为慢性贫血和急性贫血。慢性贫血主要表现为生长缓慢、无精打采、皮肤干裂、毛色粗糙和黏膜苍白。急性贫血主要表现为由缺氧造成的呼吸困难和突然死亡。

新生仔猪铁含量很低，大约50毫克，出生后每天需要10～15毫克，为了减少机体铁的消耗，需要额外补铁。需要补铁的原因如下：

· 初乳和常乳中铁的含量很低，散养猪具有翻土习性，可以从环境中补充铁，但集约化饲养的猪群是接触不到土壤的。

· 新生仔猪组织中铁含量很低。

· 仔猪出生后数小时，生长迅速，体内的血液显著增加，对铁的需求量较大。仔猪出生后1周，体重是出生重的2倍，4周时是出生时的5～6倍。体重的增加和血量的增加，也需要补充大量的铁。

在仔猪3周龄前，注射200毫克右旋糖苷铁或者葡庚糖苷铁。

无论是给母猪注射还是口服高剂量的铁，都不会提升新生仔猪的铁含量。在一些国家，给仔猪口服铁制剂，但只有很少被吸收。非消化道途径补铁更加有效，也比较常用。

补铁时一般选择颈部注射，不选择大腿部肌肉注射，腿部注射容易导致跛行和脓肿，引起肉质下降。补铁时应选择锋利的针头，注射器要与注射部位垂直（图5-23和图5-24），远离脊柱，避免伤及骨和神经。补铁时皮肤向一侧绷紧，这样可以减少注射后的损失。

窝之间操作时要注意换针头，避免传播病原。

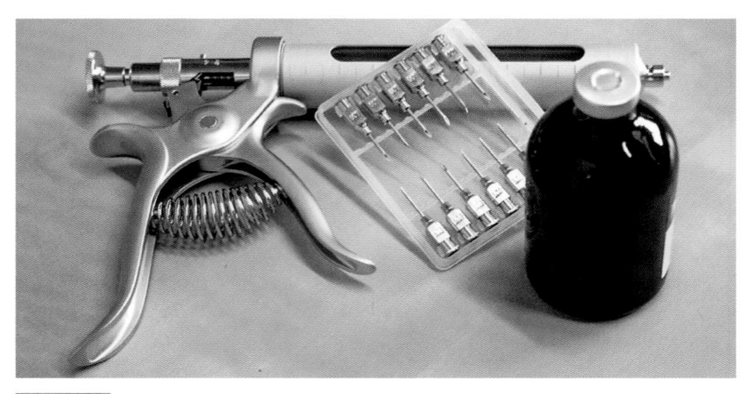

图5-23　补铁必备的物品（注射器、针头和铁剂）

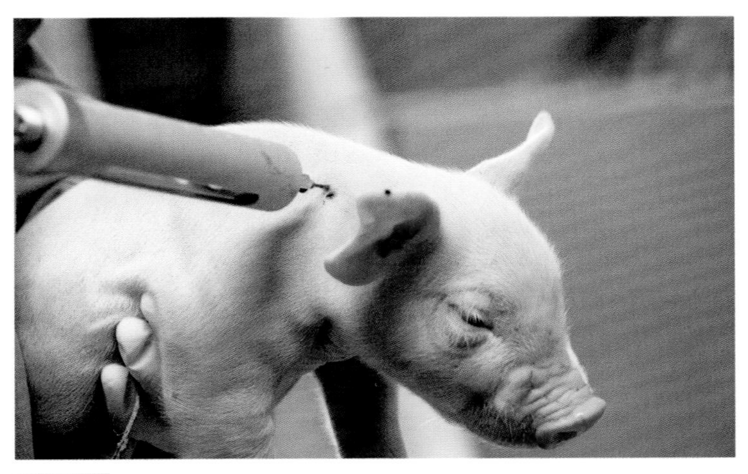

图5-24 给仔猪补铁

5.4.2 特定治疗

在产房阶段，可以给予仔猪多重治疗。当某种特定的病原体或病理条件确定存在时，其中一些措施可能是治疗性的，另一些是预防性的。最常用的治疗措施如下：

5.4.2.1 免疫或者预防性用药（注射或者口服）

免疫或者注射抗生素治疗的主要目的是：保护仔猪免于特定病原的感染。进行注射或者保健时要注意卫生，在进行注射治疗或口服给药时，窝间必须更换针头、喷嘴。这类治疗措施既包括预防地方性肺炎、副猪嗜血杆菌病或圆环病毒感染的疫苗免疫，也包括采用预防等孢子虫感染的抗球虫药物（托曲珠利）。

5.4.2.2 腹股沟疝手术

腹股沟管中含有输精管和给睾丸供血的血管，有时腹股沟管比正常大一些，导致肠道下沉到阴囊中，从而导致疝气。进行阉割的时候一定要注意，如果有疝气，容易伤及肠道。疝有时会绞窄，影响肠道，导致肠道运行紊乱，最终导致动物死亡。

解决疝气的问题，要先对猪进行麻醉，然后像正常阉割一样进行手术。最好是在3～4周龄时进行手术。操作时把猪保定好，腹部朝下。确诊是疝气后，用手抓住睾丸尽可能往上提，触诊找到腹股沟管。在腹股沟管周边皮肤上做切口，注意不要伤及睾丸表面的被膜或其他结构，不然可能导致突出腹部的内容物流出。将突出腹部的内容物推回腹腔。然后用针和尼龙丝线尽可能紧密地缝合。缝合精索和精囊，要打双结。从缝合处上部切掉精囊，移除睾丸，然后在缝合部位使用抗生素（同时也要进行广谱抗生素的注射）。手术完成后缝合皮肤切口，切口处进行局部消毒。

5.4.2.3 阉割

为了提高脂肪沉积速度，获得没有膻味的猪肉产品。很多猪场都对公猪进行阉割育肥。公猪的膻味是公猪在达成性成熟时，脂肪组织中沉积雄酮和吲哚所致。

- 睾酮：睾丸的睾丸间质细胞分泌的合成代谢类固醇。
- 吲哚：色氨酸在结肠末端降解产生的代谢产物，其衍生物是甲基吲哚。

很多消费者非常不喜欢公猪的膻味，尤其是在烹饪和食用时。

仔猪阉割时不进行麻醉是非常痛苦的。因此，一些国家出台法律规定，仔猪阉割时要进行麻醉。

4～6日龄是仔猪最好的阉割日龄。当仔猪较小时，非常容易固定，阉割时流血少，且此时仔猪还受到初乳的保护。仔猪不能在4日龄以内阉割，主要是因为不容易鉴别腹股沟疝，有时睾丸也没有下降。

猪场员工阉割仔猪时，首先抓住仔猪下肢使其头部朝下（也可以采用保定器）。另一个员工向上推睾丸使其暴露，在阴囊皮肤的中下部做切口，然后缓慢地拉出睾丸，切断精索和血管。伤口部位进行局部消毒处理，伤口很快就会愈合，不需要缝合。阉割过程中要注意卫生，负责阉割的工人要戴一次性手套，切口的位置应进行消毒（图5-25）。

阉割时不进行麻醉，仔猪是非常痛苦的。主要表现为阉割时仔

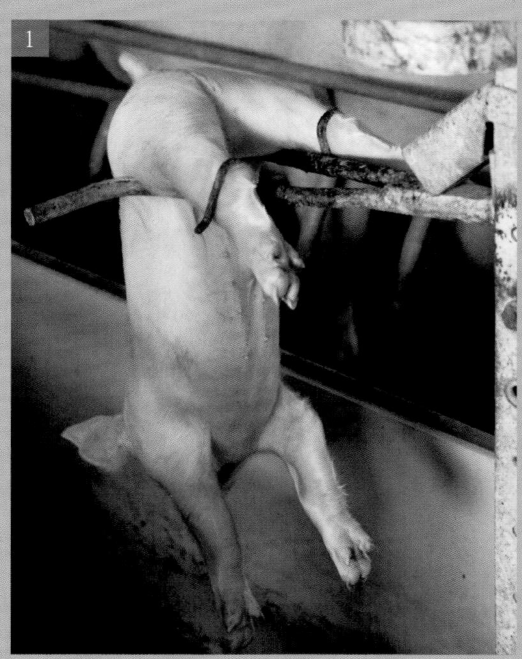

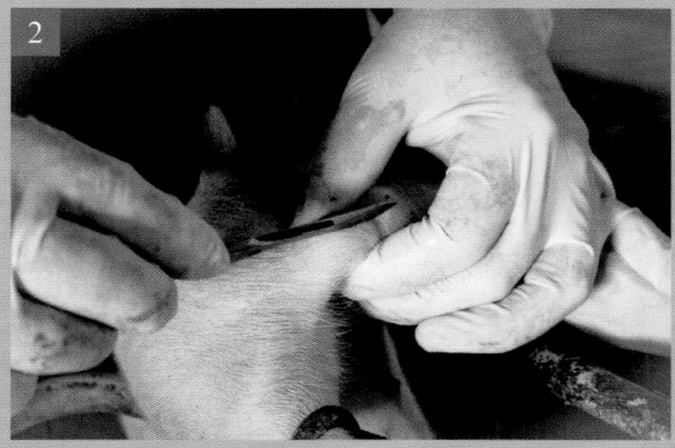

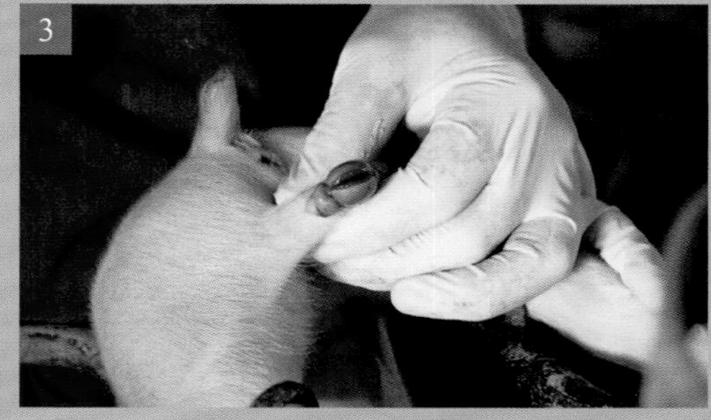

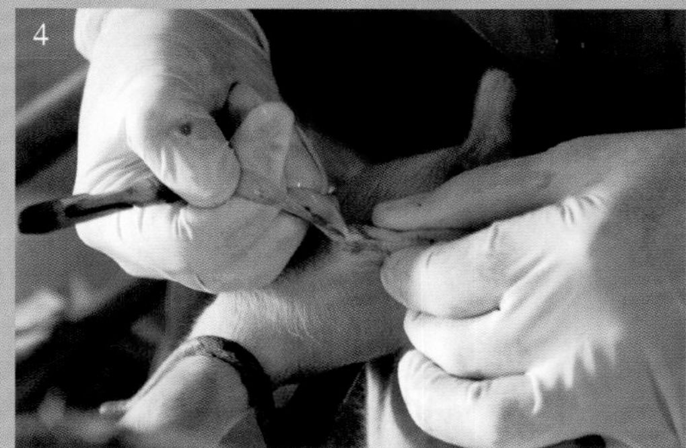

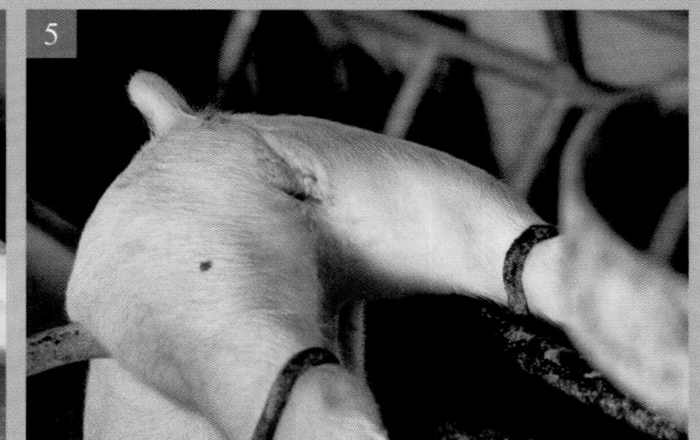

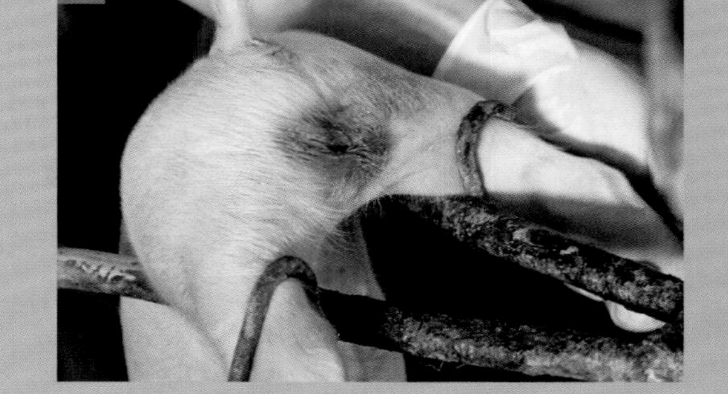

1. 仔猪放置在保定器上进行阉割

2. 从阴囊的中下部皮肤切开

3. 睾丸暴露

4. 切断精索与血管

5. 阉割完成，不需要缝合

6. 局部消毒

图5-25　仔猪6日龄前进行阉割

猪尖叫，同时由于应激、痛苦和炎症，导致体内皮质醇和促肾上腺皮质激素（ACTH）的水平上升。此外，术后疼痛可能会持续5天，这会导致阉割的仔猪手术区域疼痛，仔猪不活跃，也会影响仔猪生长速度和免疫功能。

欧盟一直在寻找替代阉割的技术来减轻动物的痛苦。前几年，市场上出现了几种用于免疫去势的注射类产品，这些产品与摘除睾丸具有同样的功效。

6 寄养

6.1 引言

高产品系的母猪能够产出较大量的活仔猪（每胎高达15～16头），然而，这些母猪的乳头数和产奶量却不足以喂养所有的活仔猪。为了解决这一问题，在养猪业中必须要使用一种关键的技术——寄养。采用寄养的方法，猪场的PSY甚至能超过30。本章详细介绍了寄养所涉及的内容、在什么时候适合使用，以及具体如何操作等。

6.2 寄养

当一个猪场每头母猪平均每批次断奶13～14头仔猪，这并不意味着大多数的母猪都能达到这个目标，其实大多数的母猪每窝断奶12头仔猪，一些生产性能较好的母猪每窝断奶13～14头仔猪，还有一些小比例的奶妈猪，连续哺乳了两窝仔猪。

寄养是养猪生产的关键性措施：

· 能够提高大窝（活仔猪数量多）中低体重仔猪的成活率。这些大窝的特征是初生仔猪的体重差异较大，那些低体重的仔猪难以获得足够的初乳和常乳。

· 能够最大限度地提高猪场每头母猪每年所生产的断奶仔猪数量以及它们的断奶体重。寄养的目的是确保所有的仔猪在整个哺乳期都可获得有效乳头，从而降低断奶前死亡率。

例如：

某猪场一批次有40头母猪：其中32头母猪平均提供12头断奶仔猪，4头母猪平均提供14头断奶仔猪，剩下10%（4头母猪）作为奶妈猪连续哺乳了两窝12头的仔猪。因此，这批母猪平均每头断奶13.4头仔猪。计算如下：

- 32头母猪断奶12头仔猪：32 × 12 = 38■
- 4头母猪断奶14头仔猪：4 × 14 = 56
- 4头奶妈猪断奶24头仔猪（2窝，每■12头）：4 × 24 = 96
- 384 + 56 + 96 = 536头断奶仔猪
- 536头断奶仔猪/40 头母猪 =平均每头母猪断奶13.4头

6.2.1 何时寄养

在下列情况下，应该考虑采用寄养：

- 紧急寄养：由于母猪生病或患有乳房炎，无法喂养自己的仔猪；为了喂养哺乳期间死亡的母猪的后代；或者母性不好导致无法哺乳（母猪具有攻击性）。
- 由于仔猪过多或为了使窝与窝之间的仔猪均匀而进行寄养：当窝产活仔猪数超过有效乳头数，或者是同一窝内仔猪初生重差异太大时。
- 仔猪营养不良时需要进行寄养：母乳不足时（图6-1）。

在所有这些情况下，最好是选择一头母性较好的母猪，它可以接受去喂养一窝不属于自己的仔猪。这些喂养其他窝来源仔猪的母猪，被称为寄养母猪或奶妈猪。

图6-1 仔猪（箭头所指）应被寄养给奶妈猪

6.3 奶妈猪

奶妈猪是指一头母猪自己所生的仔猪完全断奶或部分离开（在它哺乳期结束前将仔猪转移给其他分娩较早的母猪哺乳）后，哺乳一窝不是自己的仔猪，这样的母猪就叫奶妈猪。

6.3.1 奶妈猪的特征

挑选奶妈猪时，要从各批次里寻找有“理想母猪”特征的母猪，为此，需要考虑以下因素。

6.3.1.1 乳房

在选择奶妈猪时，乳腺的质量总是作为第一考虑要素，应用目测法进行以下检查：

· **乳头数和产乳能力**。非常重要的一点是，寄养仔猪数不要超过母猪的有效乳头数。检查乳腺，去查看是否有受伤的乳头、有乳房炎的迹象，或者确保它们有正常的功能。

· **乳头位置恰当**。有时，一些母猪（通常是高胎龄母猪）的上排乳头位置过高，或者下排乳头仔猪无法找到。即使乳腺之间距离非常近，仔猪同时吮吸所有乳头也是比较困难的。另外，还应该记住，

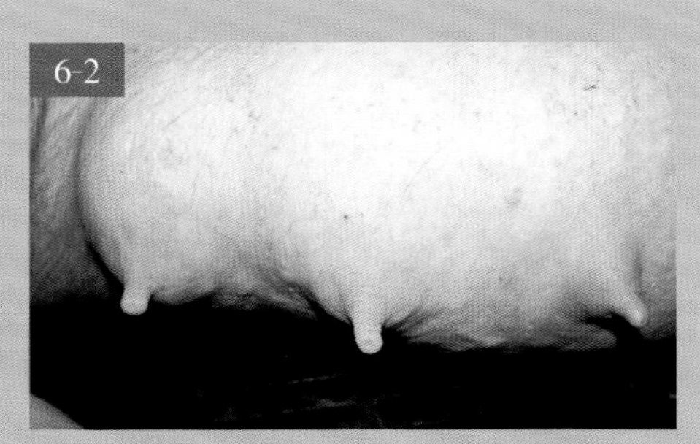

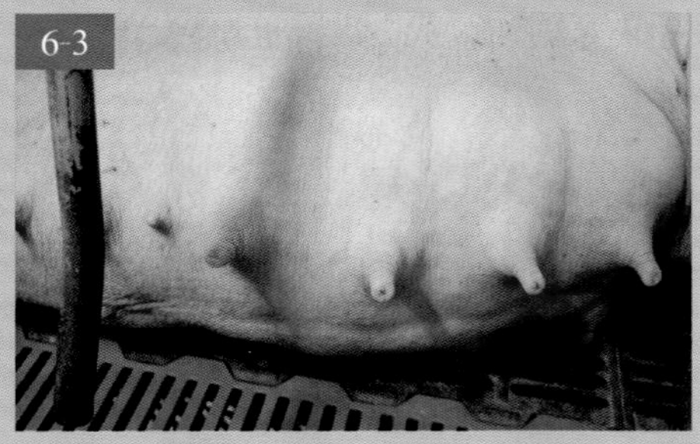

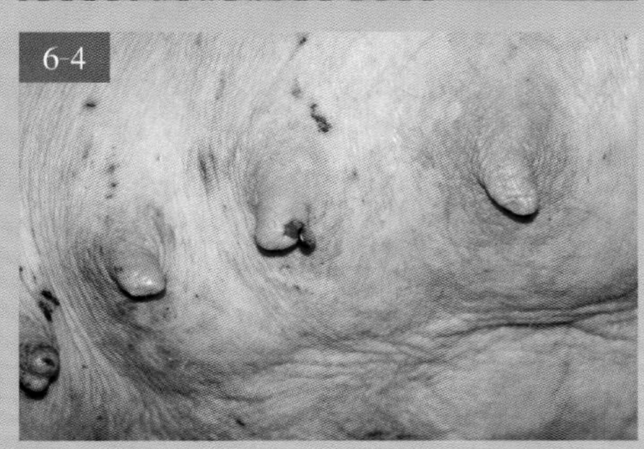

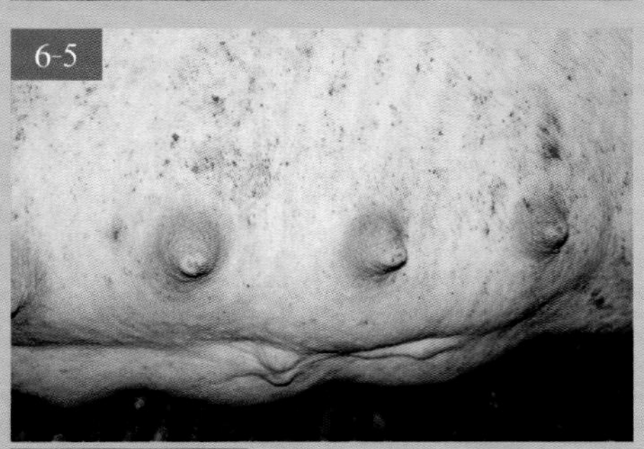

图6-2至图6-5　几种不同类型的乳头。仔猪吮吸的难易程度取决于乳头的形态。上图根据吮吸难易程度进行了展示：图6-2和图6-3中的乳头细又长，图6-4和图6-5的乳头粗又短

腹股沟部位的乳头有时在母猪腿下面，不容易被仔猪吃到。

·**乳头的大小和形状**。被选中母猪的乳头最好长而细，因为这样便于特别小和弱的仔猪去吮吸。短的乳头不利于仔猪含在嘴里（图6-2至图6-5）。因此，二胎或者三胎的母猪通常会被选为奶妈猪。

6.3.1.2 母猪的历史表现

母猪的历史情况可以从分娩记录中查询，这些记录可以告诉我们它以前的产仔信息和正常能够喂养的仔猪数量。一头分娩超过3或4胎的母猪，给它寄养的仔猪数，不要超过它以前哺乳仔猪的数量，即使它的乳头状况良好。

6.3.1.3 产仔数

一般来说，理想的奶妈猪是二胎母猪。通常建议用头胎母猪去哺乳很小的仔猪，因为它们的乳腺形态是最佳的（乳头位置合适、有很多有效乳头、乳头细）。然而，后备母猪的放乳反射能力往往会比较差，加之有时候仔猪不能够很好地通过吮吸进行有效刺激，这就更不利于将仔猪寄养给头胎母猪。如果选择一头头胎母猪作为奶妈猪，应该给它同批次中比较强壮的仔猪哺乳，这样可以促进其乳腺的发育，并可提升它在本次及随后哺乳期的产奶量。建议最好不要用即将要淘汰的母猪来哺乳太小的仔猪，因为这些猪一般都是使用年限较长的猪，乳

头较粗并且产乳量较差，或者它们的历史生产成绩比平均水平差。

6.3.1.4 母性特征

选中的奶妈猪应该比较安静。当发现一头猪的母性较好时，应该手动记录或者用电脑进行记录，在将来的哺乳期中可作为奶妈猪的备选对象。

此外，确保备选母猪具有良好的体况和健康状况是很重要的。

6.4 寄养的过程

寄养时，可以从刚分娩到即将断奶的母猪中挑选奶妈猪。

以下将详细介绍常见的寄养过程：

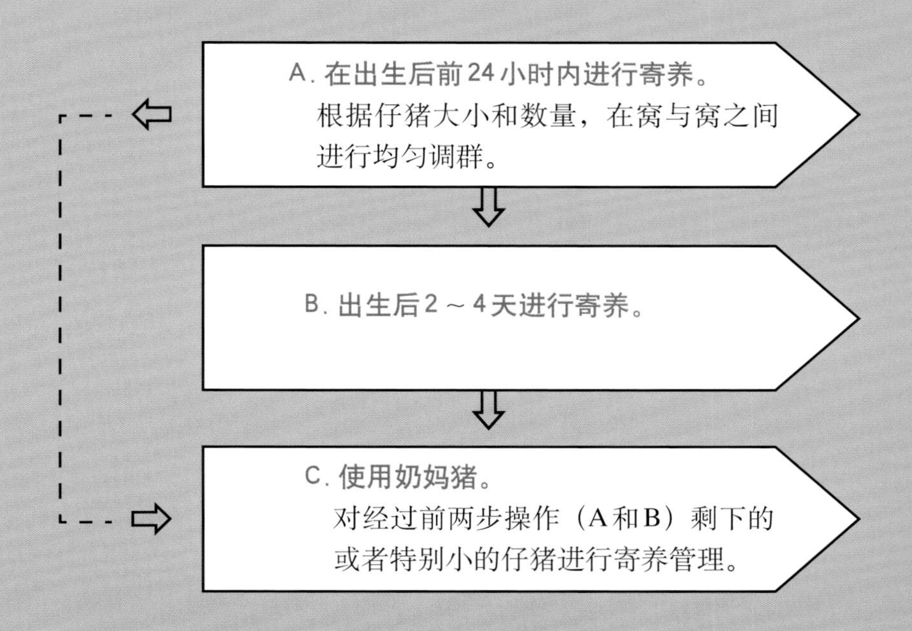

6.4.1 A.出生后24小时内的寄养

由于母猪高产，分娩后进行调群是实现成功哺乳的第一步。在将仔猪从一头母猪转移到另一头母猪之前，必须确保它们从母亲那里摄入了足够量的初乳。确保了这一点之后，对于一些在窝内不易接触到乳房的仔猪（活仔猪数量超过有效乳头数、仔猪够不到乳头或者母猪存在非有效乳头），越早把它们寄养出去越好，这样可避免为了争夺同一个乳头的打架现象。我们都知道，同一个乳头不能用来哺乳两头仔猪。

窝之间的调群应该是在产后的12～24小时内操作。应考虑母猪的分娩时间。最好能监测分娩过程，记录分娩的日期、开始与结束的时间点 。同期分娩的好处之一是大部分的母猪在早上分娩，下午就可以进行统一的调群工作。这一工作的执行时间取决于分娩进度，建议如下：

· 早晨分娩 ⇨ 下午调群。
· 下午分娩 ⇨ 第二天上午调群。
· 晚上分娩 ⇨ 第二天上午接近中午时调群。

应记住以下建议：寄养工作最好是在同一批次中窝与窝之间按照大小和数量进行调群。

6.4.1.1 A.1 根据仔猪大小来调群

这是为了使同窝中所有仔猪在哺乳期间都有相同的机会被哺乳，能达到它们最大的生长潜力。为了进行调群，仔猪可以被分为大、中、小三类，为了减少转移数量，同一窝中少数与其他兄弟姐妹差异大的仔猪，会被挑出来进行寄养。

6.4.1.1.1 建议

· 理想状况下，同窝仔猪的大小应该是相似的：大的、大的和中等的、中等的、中等的和小的、小的。
· 小的和大的仔猪不应该留在同一窝里。

建议：在仔猪出生后24小时内成功地进行调群

· 新生仔猪在摄入足够初乳后的24小时内，就应该进行寄养。需要注意的是，仔猪在出生后的几个小时内，就开始选择一个固定的乳头，在出生后2～3天开始建立社会化次序等级。因此，调群的时间越往后推迟，仔猪就会遭受更多的痛苦，因为它们要重新建立社会化次序等级：新的战斗即将开始，母猪将更加不安，她们拒绝寄养仔猪的可能性也会增加。判断一头仔猪是否摄入了足够的初乳，最好的方法是触摸它的胃，检查它是否吃饱了。

· 尽可能少地移动仔猪，如果变化太多，会同时给母猪和仔猪造成应激。

· 超过1.5千克的仔猪出生后6个小时内不能进行寄养，小于1.5千克的仔猪在出生后12小时内不得进行寄养。这是确保它们能吃够初乳的方法。往往体重越大的仔猪，也是越活跃的。

· 母猪所能哺乳的仔猪数量，只能与它有效乳头的数量一致。

· 如果新生仔猪即将寄养给一个已经分娩了3天以上的母猪，要提前检查它空闲的乳头是否有效，因为如果乳腺长时间没有经过刺激，在3天之后就会停止泌乳。

· 应提供最弱和最小的仔猪最好的条件。

· 当一窝内的仔猪数量非常多的时候（仔猪数量多于母猪的有效乳头数）：使用奶妈猪。转移那些体重较大的仔猪，给1周前分娩的母猪哺乳，转移前，要确保仔猪们吃足了初乳，且脐带已干（图6-6和图6-7）（奶妈猪的使用技术，详见第117页）。

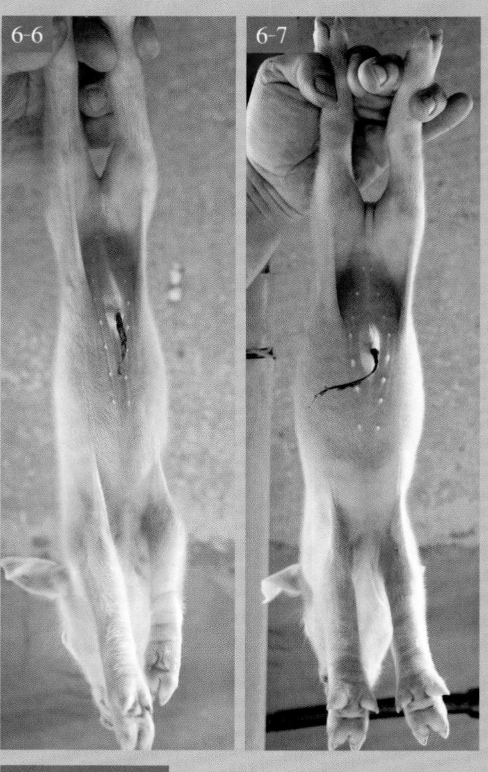

图6-6和图6-7　未吃初乳（图6-6）和吃饱初乳（图6-7）的仔猪胃的差异

· 在一些猪场，如果绝大部分新生仔猪发育良好，比较倾向于将一窝中最大的仔猪移出去给奶妈猪哺乳，留下较小和较弱的仔猪组成新的一窝。

· 现代养殖技术的趋势是让头胎母猪来哺乳最大和最强壮的仔猪，这样可以促进乳腺的发育。将每窝中较小的仔猪给最好的母猪来哺乳（图6-8和图6-9），这些母猪通常是二胎母猪。

· 一旦把较小的仔猪集中在一窝中喂养，最好能再提供一些额外的能量补充（自然或人工初乳）。

· 最好是能将最小的仔猪留给乳头细长且乳头容易被仔猪吃到的母猪。如果一头母猪具有这些特征，并且自己有很高比例的小仔猪，最好将小仔猪都留给她，将较大的仔猪转移给其他母猪，再从其他窝里转移一些小的仔猪给它哺乳。

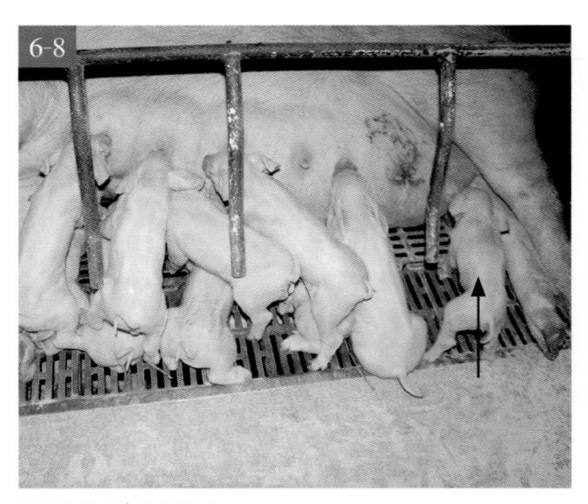

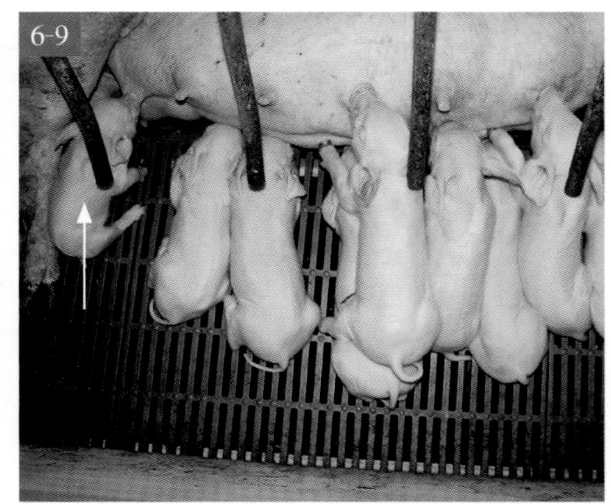

图6-8和图6-9　要将一窝中最小的仔猪寄养出去（箭头所指）

6.4.1.2 A.2 根据数量来调群

推荐的方案是仔细评估所有窝中每头母猪有效乳头的数量和质量，这样可以精准地给它们能够哺乳的仔猪数。分娩前做好留仔计划，便于后续寄养工作更容易开展（图6-10）。

要对寄养后24～48小时的仔猪进行检查，目的是挑出无法正常吃奶的仔猪，再将它们寄养给更合适的奶妈猪。

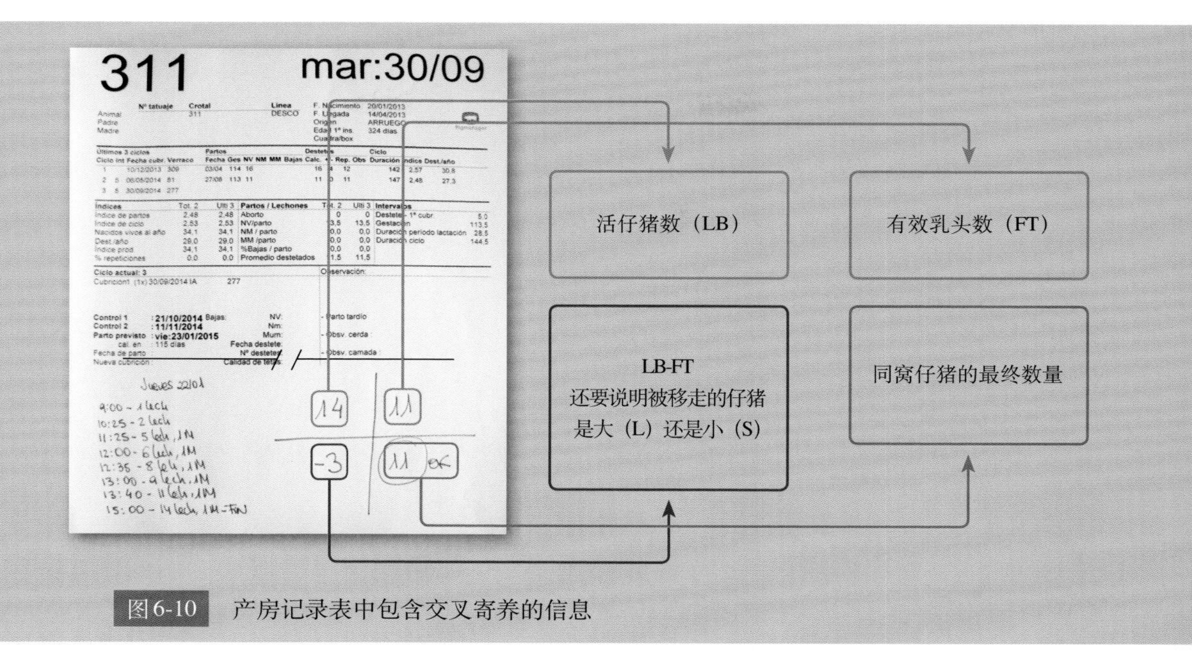

图6-10　产房记录表中包含交叉寄养的信息

6.4.1.3 A.3 如何根据大小和数量来调群

图6-11显示了一个假设的例子：同一批次的8头母猪在同一天上午分娩，这些母猪在分娩过程中被密切监控，仔猪也都吃到了足够的初乳。分娩舍的员工在监视母猪分娩的同时，也记录下了所有的相关信息：

· 乳头特征：长而细、短而粗……

· 有效乳头数。

· 产活仔猪数。

· 产程结束时间。这最后一条信息需要记录准确，以便于推算可以寄养的时间。

· 基于以上的记录，应该在当天下午对仔猪按照大小和数量进行调群。目的是充分利用有效乳头，并且为不同类型的仔猪找到最合适的母猪进行喂养。

一旦仔猪被转走，并使用了奶妈猪来喂养多出来的小猪（见第117页，奶妈猪的使用技术），就要去检查是否有仔猪在寄养后的几个小时内表现不佳。如果发现了这样的仔猪，它们就应该转移给其他母猪喂养（如B部分内容所描述，见第116页），或者将这些不适应的仔猪合并成新的一窝找奶妈猪喂养（C部分内容，见第117页）。

第一步

记录乳头数及仔猪数

· 乳头总数：97头。

· 总活仔猪数：108头。

· 计算所需要的奶妈猪数量：多出来的仔猪数：108－97=11头。一头奶妈猪就够了。

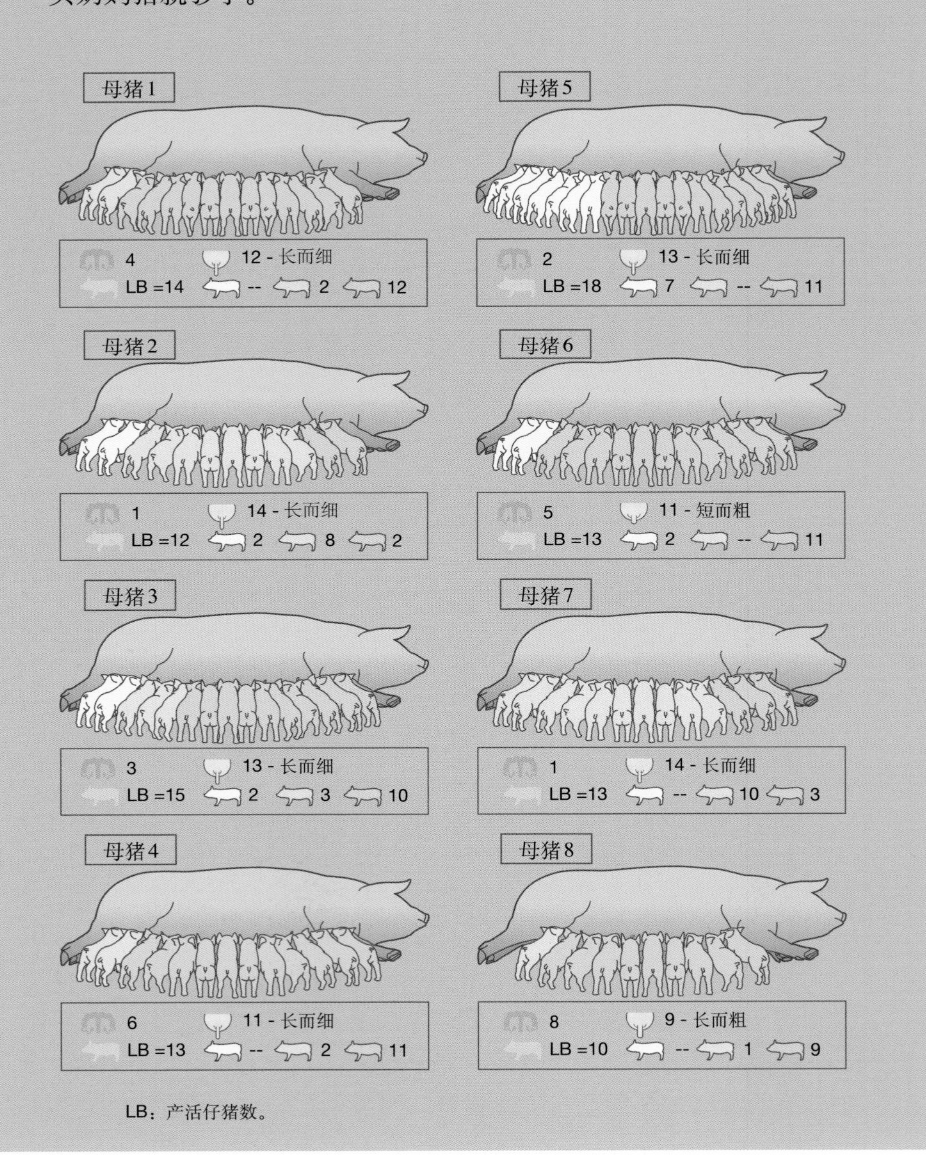

LB：产活仔猪数。

第二步

选择奶妈猪

选择一头历史生产记录非常好的母猪，将它的仔猪（最好是中等或大的仔猪）转移给奶妈猪喂养，然后将同批次所有小的仔猪集中起来，让这头优秀的母猪喂养。

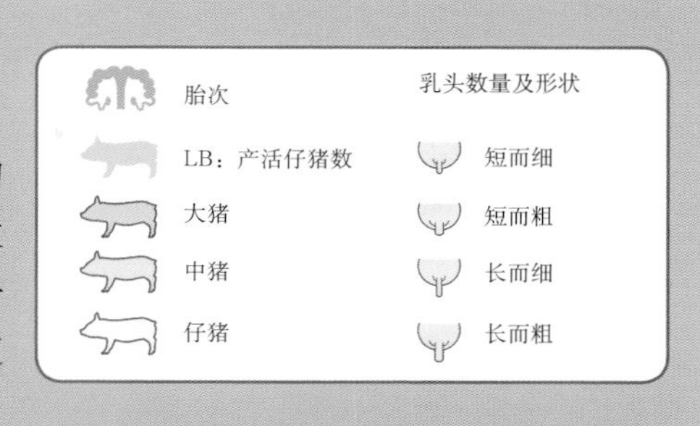

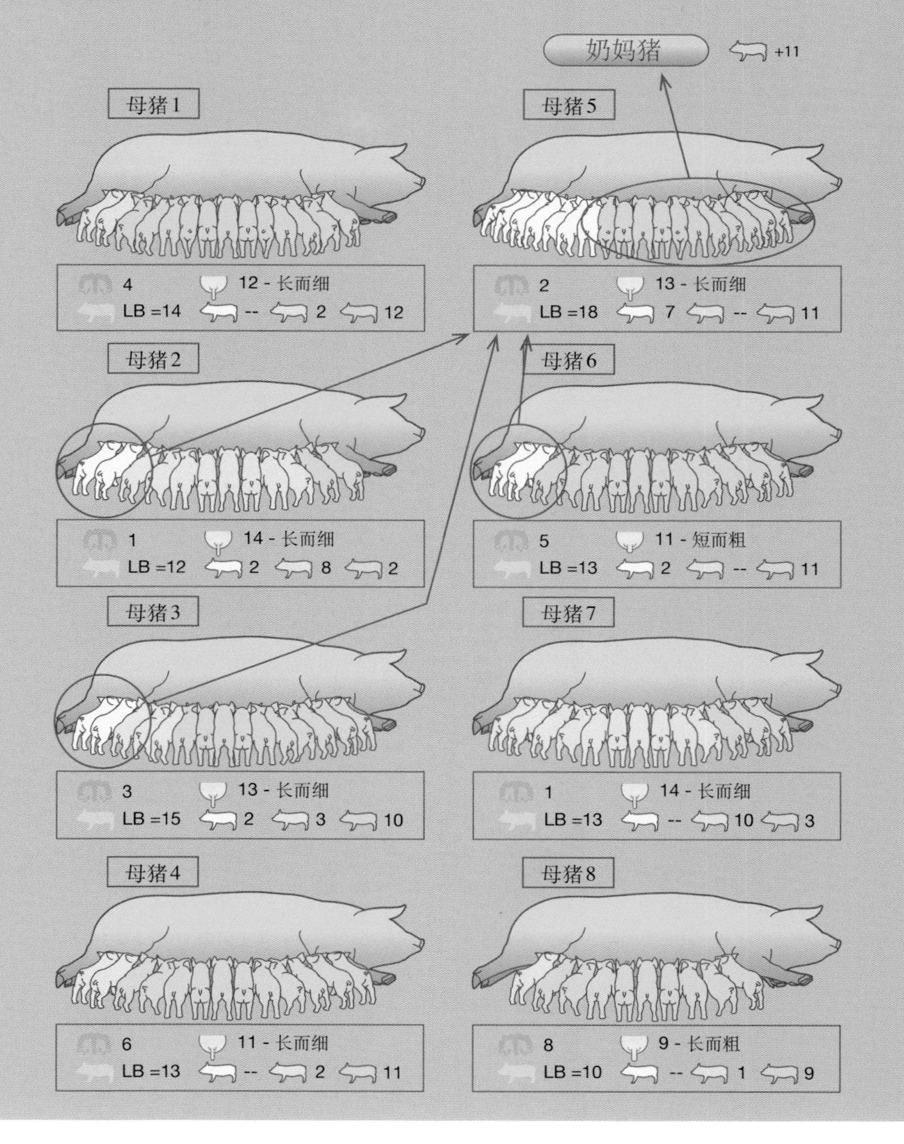

第三步

将所有小的仔猪挑出来，使每窝留下均匀的仔猪

将最弱和最小的仔猪挑出来放在一起，找一头各种特征比较好的奶妈猪喂养它们。这头奶妈猪的记录表中应该注明它哺乳了一窝小仔猪。一旦小的仔猪被转移出去，留下来的大猪和中猪就不会有任何问题。在移动最少仔猪的前提下，根据母猪有效乳头数，最好将这些仔猪也能按照大小和数量进行调群。

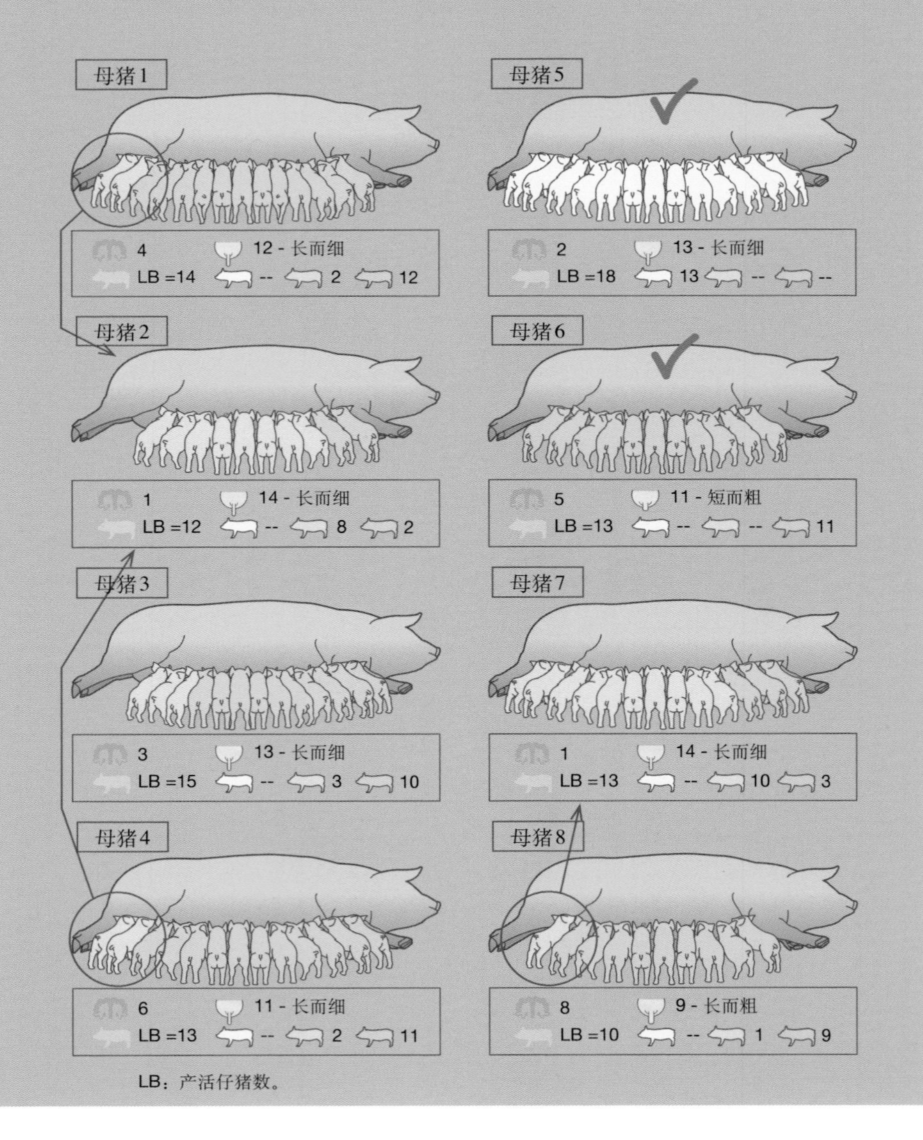

LB：产活仔猪数。

第四步

对剩下的窝进行调群

所有的窝都已经达到最优化，每头母猪哺乳仔猪数量最佳。

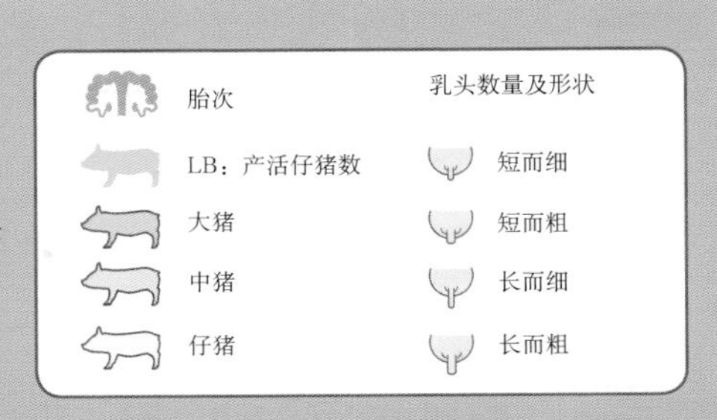

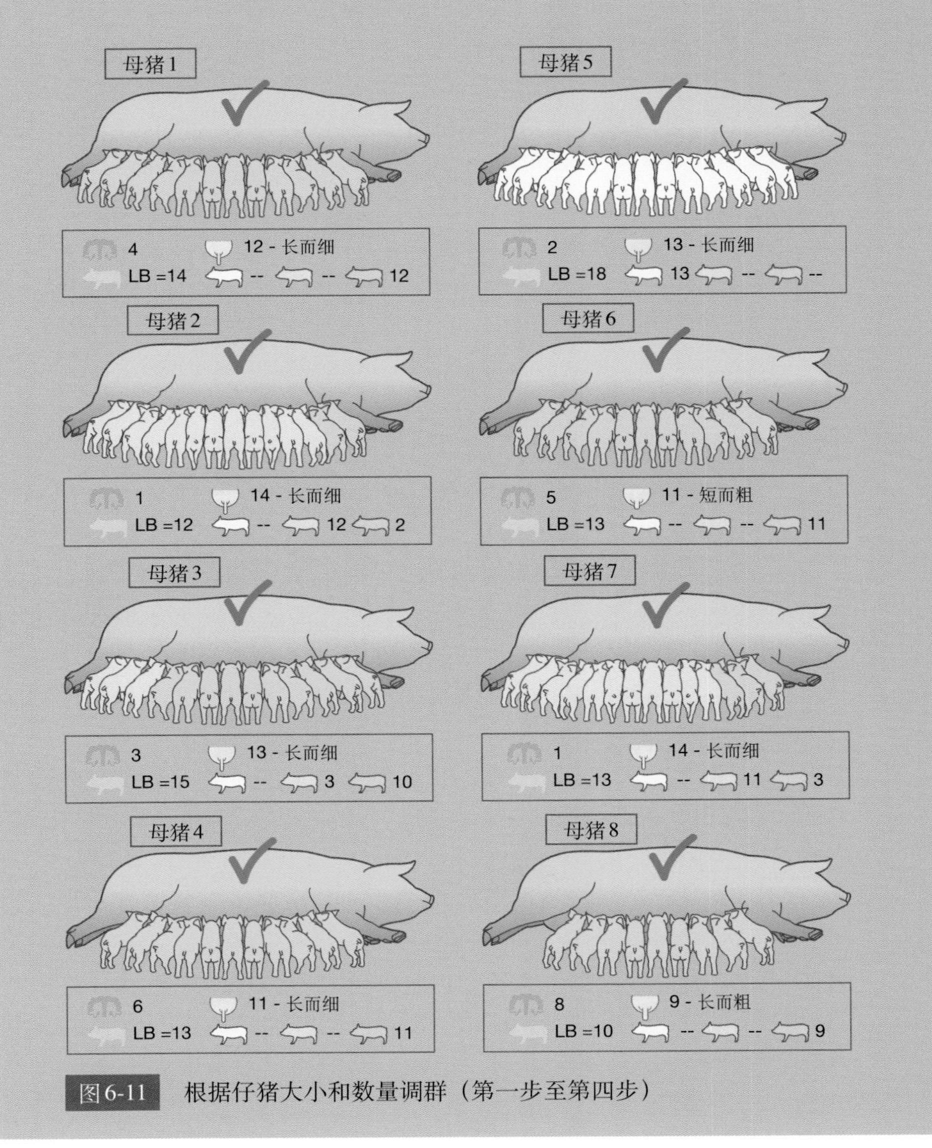

图6-11 根据仔猪大小和数量调群（第一步至第四步）

6.4.2 B.分娩后2～4天的寄养

虽然在分娩后12～24小时内进行了调群，但一些小猪得到的可能是无效乳头，因此，必须要再寄养给其他母猪喂养。由于没有受到吮乳刺激的乳房大约在3天会停止产奶，所以这些仔猪应该在母猪哺乳期的前3天重新寄养。

调群工作做得越好，随后所需要做出的改变就越少。此外，应确保生长缓慢的仔猪及时被发现并寄养给另外的母猪，以避免被饿死 。要做到这一点，关键在于每天检查那些瘦弱和精神不好的仔猪，确保它们的胃内有奶（图6-12和图6-13）。必须为这些仔猪找到其他的有效乳头，并在再次寄养后给它们提供能量补充剂。

这项技术的问题在于，本窝原有的仔猪与寄养仔猪可能会打架并且受伤，因为在寄养时，窝内的等级次序早已经建立。

解决这个问题有3种方案：

a）**重新分配仔猪**。此操作是基于母猪乳房没有受到刺激，在3天后会停止产乳。这样做：

· 可能使用那些同批次内最后分娩的母猪（这些母猪通常不多产）来接收那些多出来的仔猪。

· 另一个选择是替换那些生病死亡的仔猪（这些仔猪可能是由于链球菌感染、八字腿或是出生时太虚弱，无法得到有效护理和吮乳而死亡）。

· 当一头表现良好母性的母猪意外压死仔猪时，也可以再给它补充其他仔猪喂养。

b）**把仔猪转移给奶妈猪**。如果没有空余的乳头可以用来喂养新转移来的小仔猪，则应该使用奶妈猪（奶妈猪的使用技术，见第117页）。

c）**窝与窝间仔猪的替换**。对于多产的母猪，一些作者建议移出每窝中最小的仔猪，将它们交给一个单元中最好的母猪寄养。这头优秀母猪的健壮仔猪被转移给其他母猪喂养，被转移健壮仔猪的数量取决于从每头多产母猪那儿转移出的仔猪数量 。生长缓慢的仔猪应该用喷漆标记，便于识别，如果它们的状况没有改善，就要把它们放到奶妈猪那里。

图6-12和图6-13　可以在两幅图中观察到（箭头所指）脊柱明显的瘦弱仔猪（表明它们体重较小且饥饿）

使用这一程序，大约70%的弱、小仔猪恢复了，而且避免了使用更多的奶妈猪。

当执行寄养时，有以下几种情形不能进行寄养：

· 仔猪从腹泻栏转到健康栏，有传播疾病的风险。

· 即将断奶的小仔猪转到低日龄栏。

· 将出生几天后的仔猪转到新分娩的母猪栏，因为这头母猪的初乳本应该留给自己所生的仔猪。

出生3～4天长势良好的仔猪将顺利度过它的哺乳期。当然，这需要将调群、寄养、奶妈猪使用技术等很好地结合起来使用。

6.4.3 C.奶妈猪的使用技术

如前所述，奶妈猪就是哺乳一窝不是自己所生仔猪的母猪，它自己所生的仔猪已经断奶或部分转移给其他母猪哺乳（见第105页），掌握选择一头母性好的温顺奶妈猪的技巧非常重要。寄养的仔猪数应该比它之前喂养的仔猪数少一头。

被寄养的仔猪可能来自产活仔猪较多的窝，或者是仔猪太小、营养不良，也可能是母猪不能哺乳（死亡、疾病、身体问题或无乳等）。

28日龄断奶和周批次分娩为使用奶妈猪提供了更大的灵活性，因为这种情况下不需要小于21日龄的仔猪断奶。

有两个主要的奶妈猪使用技术，一般称作“**分流寄养**”：①移动仔猪来分流寄养；②移动母猪来分流寄养（图6-14）。

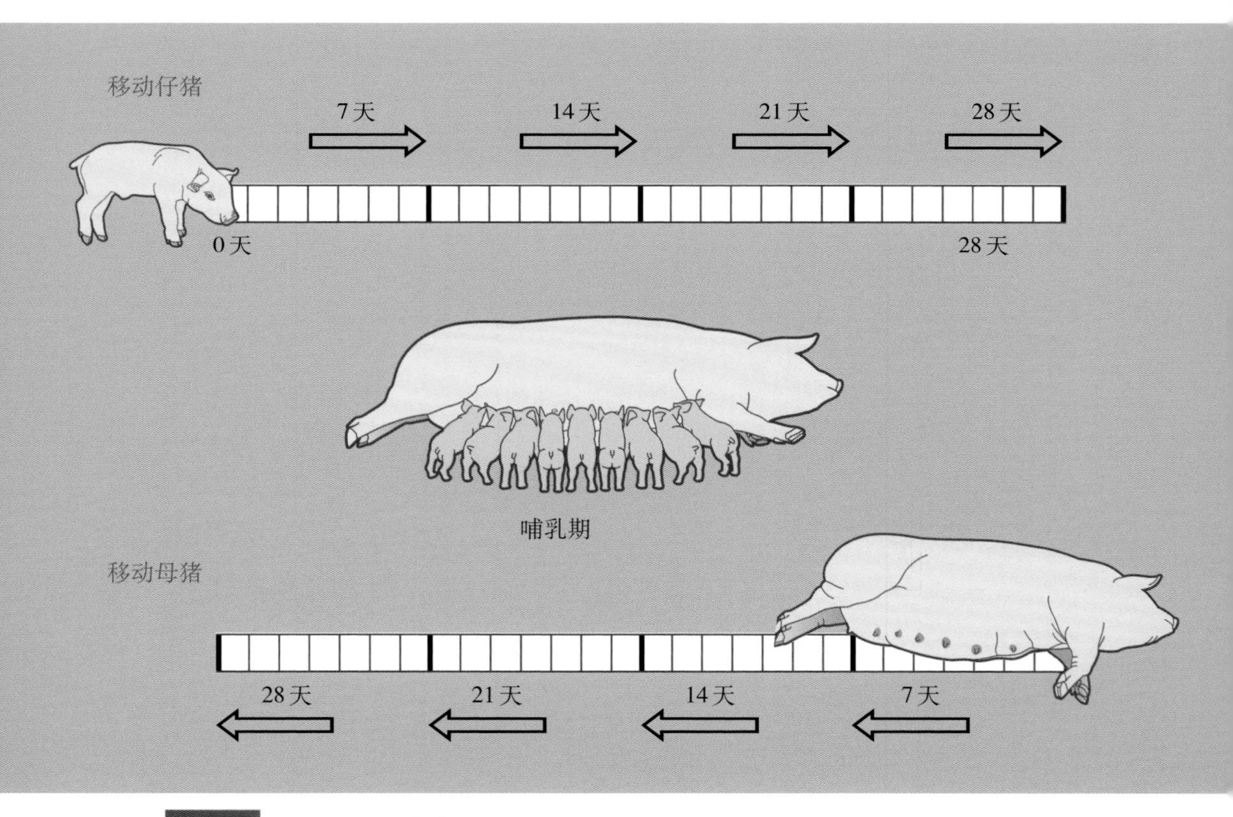

图6-14　两种“分流寄养”模式

6.4.3.1 C.1 移动仔猪来分流寄养

这项技术主要是：选择临近断奶（21～28日龄）且体重达标的仔猪，让它们提前断奶，以便于该母猪可以继续喂养下一批母猪的仔猪，等等。具体操作会在下面的举例中详细说明。

当仔猪被寄养给奶妈猪（其仔猪已提前断奶）时，最好选择那些大个头的仔猪，这样仔猪大小更接近于奶妈猪原来那窝仔猪，并且在断奶时也能达到相似的体重。

大日龄仔猪不要移动到小日龄的窝中，因为大日龄猪接触病原微生物的概率更大，容易打破健康平衡。

示例

如何通过跨日龄移动仔猪来使用奶妈猪

在这个例子中，有4个房间（每个房间对应一批母猪），每间有20头母猪。 不同房间的母猪根据哺乳期天数不同进行分组。生长缓慢的仔猪在下周一开始出现（图6-15）。

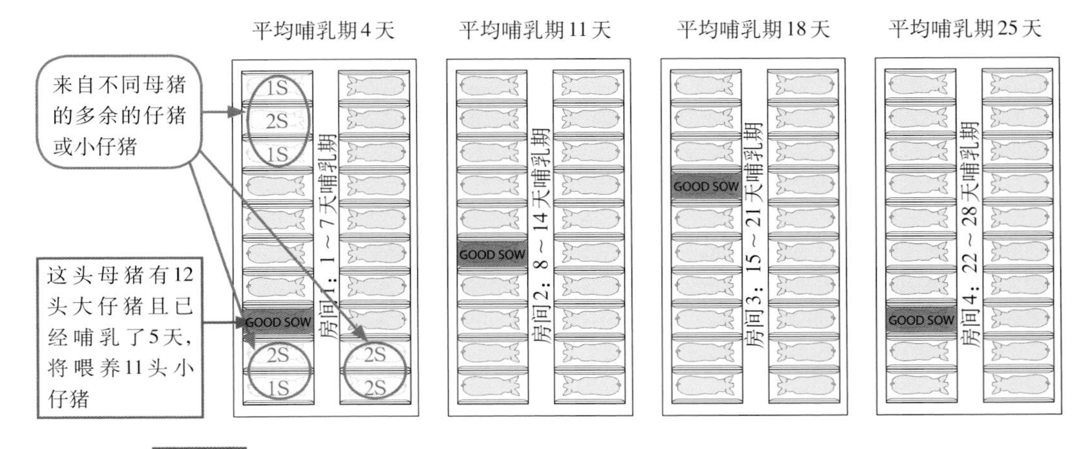

图6-15　11头小仔猪 (S) 转移给母性良好的母猪喂养。GOOD SOW=母性良好的母猪

· 第一步

最好的方案是挑一头母性良好的母猪去喂养同一批多出来的或体型小的仔猪（小仔猪用“S”表示，多出来的仔猪用“E”表示）。如果可能的话，最好使用同批次中最先分娩的母猪，这样的话，需要被转移到上一批次的仔猪较大，并且大小与上一批次母猪原来的仔猪差异会更小。

寄养给奶妈猪的仔猪数量千万不要超过她原先自己喂养仔猪的头数。在这个例子中，哺乳5天的母猪曾喂养12头自己的仔猪，后来接收了11头寄养仔猪。

· 第二步

奶妈猪应该从其他批次中选择，并且它的仔猪可以跨日龄阶段进行寄养。最早批次母猪的仔猪断奶后，这头母猪就可以去喂养其他的仔猪（图6-16）。依照本案例，5日龄的仔猪寄养给一头11天哺乳期的母猪喂养，11日龄的仔猪寄养给18天哺乳期的母猪喂养，18日龄的仔猪寄养给25天哺乳期的母猪喂养。仔猪在25日龄断奶，因此，这些寄养的18日龄仔猪在下周四达到21日龄时断奶（18+3天，母猪完成哺乳期——周一到周四）。

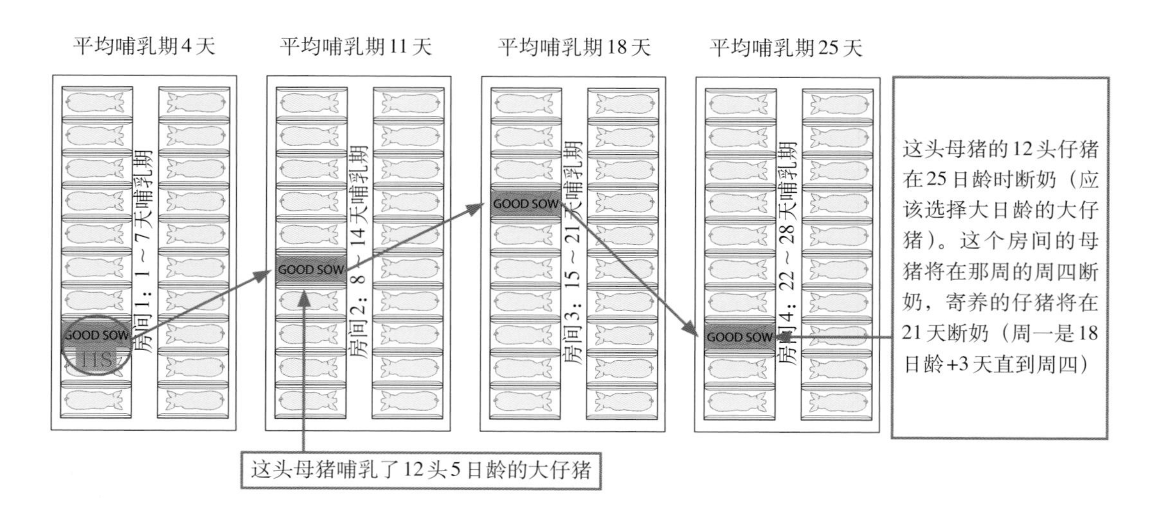

图6-16　转移仔猪给上一批次的母性良好的母猪寄养，房间1的母性良好的母猪喂养了11头生长缓慢的仔猪，而它的12头大仔猪则给房间2的母性良好的母猪喂养。GOOD SOW = 母性良好的母猪

多余仔猪的例子

如果将第一头奶妈猪喂养的仔猪换成是多余的仔猪，那么这个例子与上面就是相似的，唯一不同的是每批仔猪的平均哺乳时间会更短。最好选择同批次中一窝强壮的仔猪去寄养，以减少跨日龄寄养仔猪之间的大小差异。

跨日龄寄养的优点在于可以保持猪场的分娩目标数和分娩间隔

天数，因为所有奶妈猪与同批次其他母猪同时断奶，奶妈猪的哺乳期不会被延长。

缺点在于所有跨日龄寄养的仔猪都需要提前断奶，提前断奶的仔猪较多。进行周批次化生产且在21日龄断奶的猪场有足够的空间，可以使分娩单元达到4周龄断奶。然而，2周或2周以上的批次化生产或者仔猪在3周龄断奶时，下批次分娩的奶妈猪自己的仔猪日龄与个头都太小了。由于以上原因，在高产母猪的猪场，分娩舍应该留出一些空的产床，将这种技术和移动母猪的技术结合起来。这样可以避免断奶幼仔猪过多，因为对于这些断奶幼仔猪来说，适应过渡阶段将非常困难。

6.4.3.2 C.2移动母猪来分流寄养

这项技术的关键点在于分娩舍内有额外的产床。为了取得这些多余的产床，就需要减少每批次的配种母猪头数。建议减少10%的配种母猪数，这样就可以空出额外的备用产床。另外一个方案是在设计分娩舍时，额外增加10%～20%的产床。为了运用这项技术，周配种目标也不应该超额，而且同一间分娩舍应该饲养同一分娩批次的母猪，留出的多余空间并不是为了放下一批次的母猪。

这项技术主要包括：将多余的仔猪寄养给同批次的母猪，这头母猪本身喂养的一窝强壮仔猪，被寄养给另一头哺乳期较长的母猪（从上一批次转移到空产床上的）。理想状况下，不同批次间奶妈猪的哺乳间隔应该是7天，临近分娩母猪的强壮仔猪将被断奶。

在断奶当日，挑选准备要留在分娩舍的奶妈猪。

举例1

多余仔猪处理流程

假如我们为每批母猪准备了20张产床，仔猪在4周龄进行断奶，那么每周的分娩目标就是18头[20－2（10%）＝18头]，空出了两张产床。在这个例子中，只空出了一张产床（图6-17），工作流程与空两张产床是一样的。

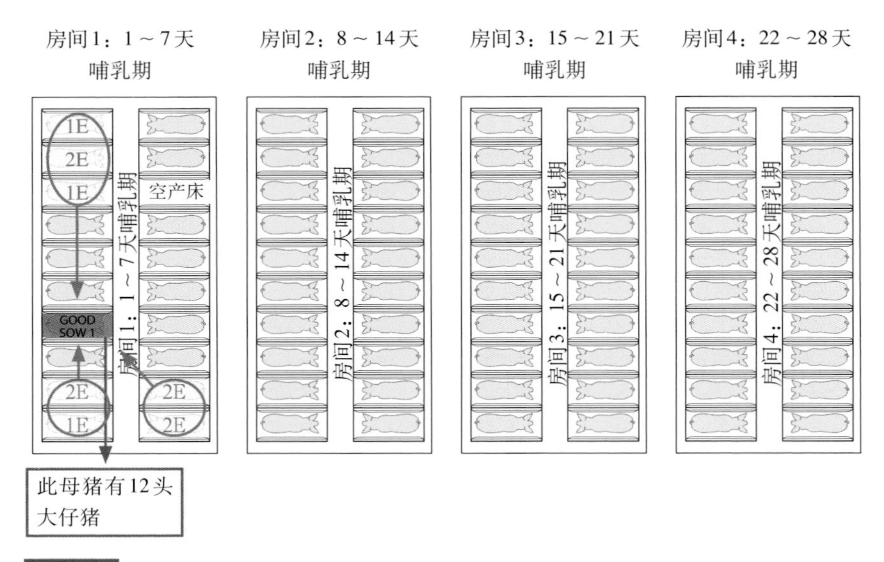

图6-17 举例说明移动母猪分流寄养多余的仔猪。GOOD SOW＝母性良好的母猪

· 第一步

第一步与之前所讲的技术相似：选择一头母性良好的母猪来喂养同批次多出来的仔猪。

· 第二步

从上一个批次中选择一头好母猪，转移到这批次的空产床上，来喂养其他母猪的仔猪。这里有两种不同的方案。

方案1：延长1周的哺乳期

第一张空产床应该留给来自上一批次将近提前7天分娩的母猪。而这头母猪空出来的产床应该放比她提前7天分娩那个批次的母猪，以此类推。这种情况下，所有的奶妈猪都被从一个房间转移到另一间母猪分娩日龄较小的房间，如图6-18所示。

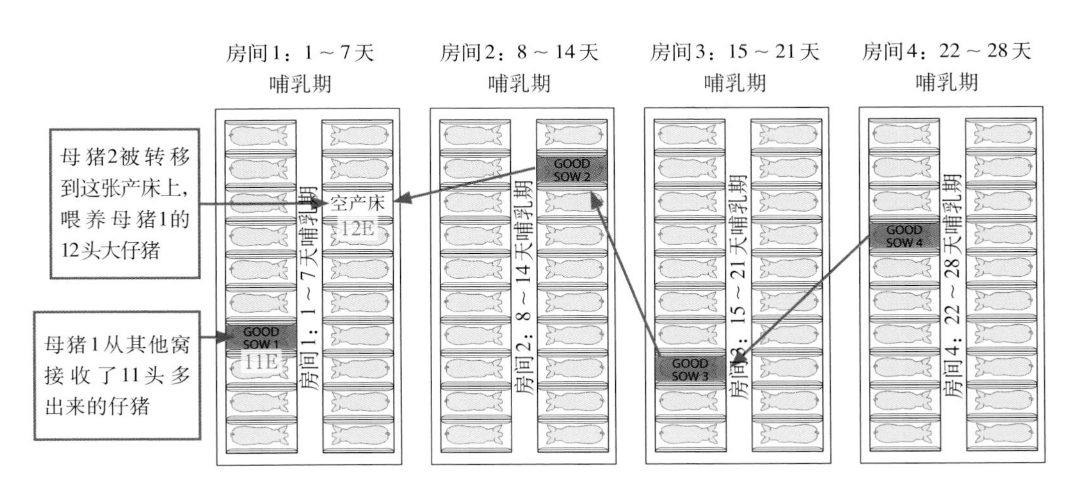

图6-18 移动母猪占据每间分娩舍的空产床和寄养仔猪。GOOD SOW＝母性良好的母猪

操作过程如下：将房间1的所有多出来的仔猪给母猪1寄养，来自房间2母猪2占了房间1的空产床，母猪3占了母猪2腾出来的空产床，母猪4占了母猪3腾出来的空产床。母猪4的仔猪可以在没有母猪的情况下断奶留在原栏位，在这样的情况下，这些奶妈猪的哺乳期都是28+7天，推迟7天断奶（图6-19）。

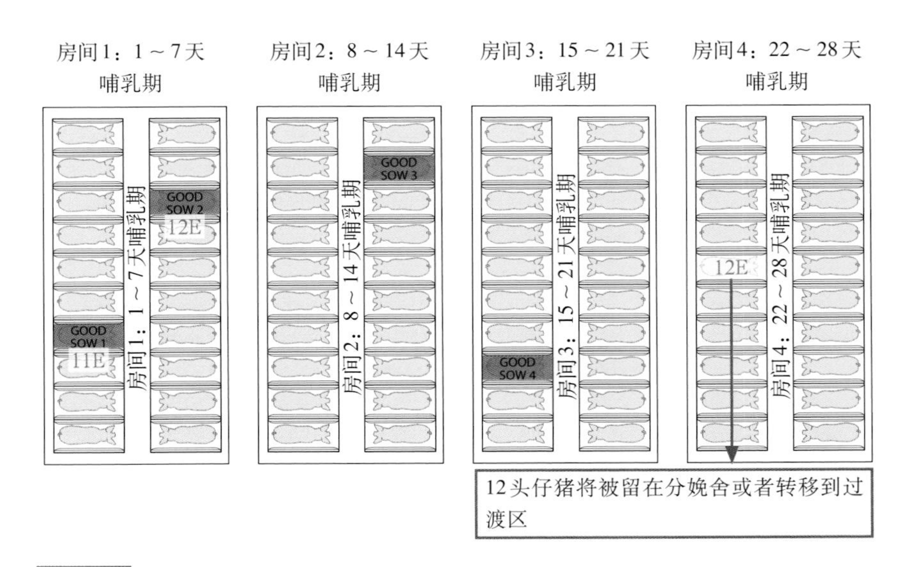

图6-19 奶妈猪移动后占用的空产床位置。GOOD SOW＝母性良好的母猪

方案2：哺乳期延长1周以上

这种情况可能在两周批次化生产的猪场比较常见，每个分娩舍的分娩日龄比下一批次早14天（21天断奶的母猪+14天寄养期=35天哺乳期）。

这个方案的变化更加明显：从房间4到房间2，从房间2到房间1。母猪3的哺乳期是42天（28天+14天），母猪2的哺乳期是35天（28+7）。在方案1中，3头母猪的哺乳期都延长了7天；在方案2中，一头母猪的哺乳期延长了14天，其他母猪延长了7天。两种方案延长的平均哺乳期天数差不多（21天），方案1：7×3；方案2：14+7。详见图6-20和图6-21。

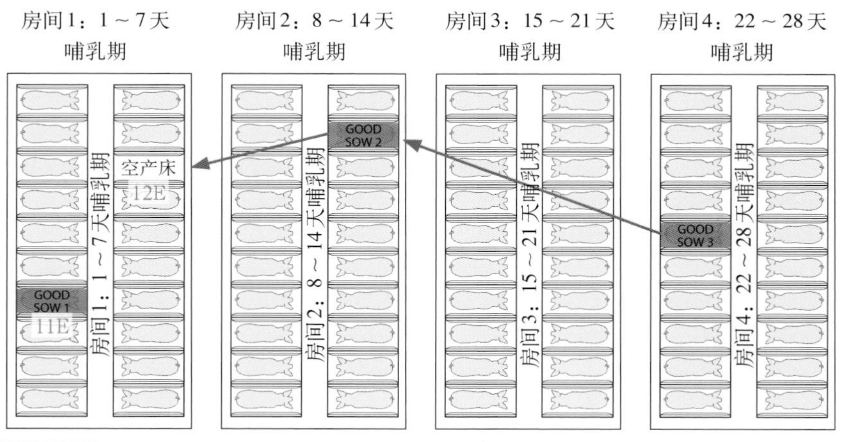

图6-20 奶妈猪占用空产床。GOOD SOW＝母性良好的母猪

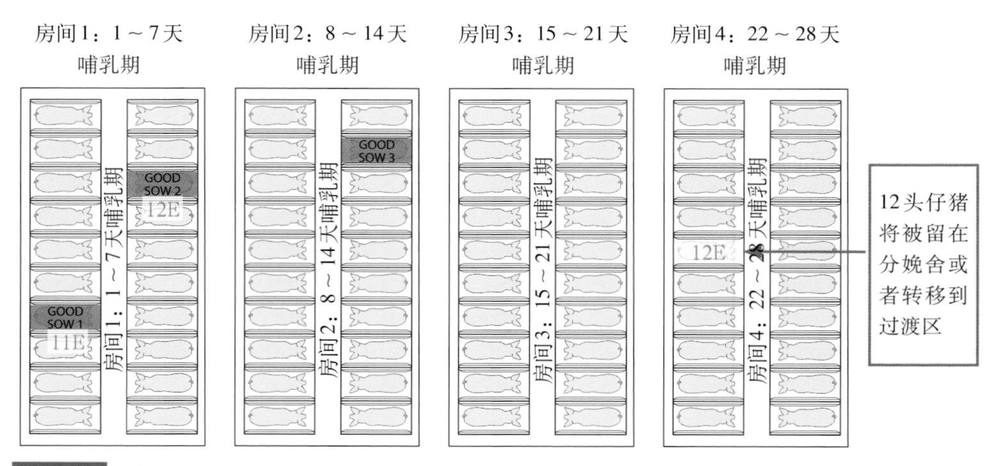

图6-21 寄养流程的最终结果。GOOD SOW＝母性良好的母猪

备选方案（方案3）

方案3是仅仅移动一头母猪，但这是有风险的，因为在这种情况下，仔猪间的日龄和大小差异很大。

举例2

如何在哺乳期间充分利用空余的产床

奶妈猪可以占据已淘汰母猪腾出来的空栏（由于疾病、无乳等原因，或者达到最长生产年限），如果后者提前被送到屠宰厂（图6-22）。

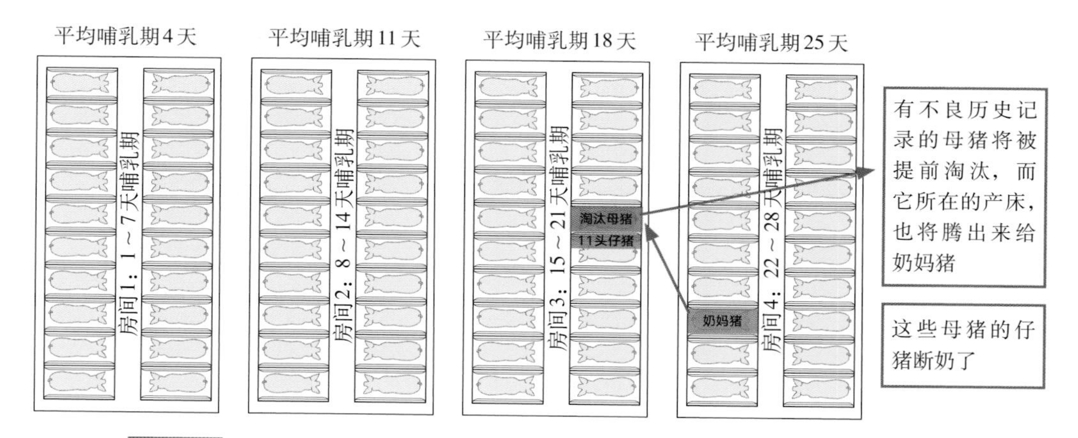

图6-22 在哺乳期间，利用奶妈猪充分使用空产床

举例3

什么时候使用后备猪作为奶妈猪

被选作奶妈猪的母猪，哺乳期会延长，头胎母猪可以利用这段时间充分恢复子宫。延长哺乳期所失去的生产天数将被补偿，因为在下一胎可能会更高产，并且断奶配种间隔更短。如果想达到这样的目的，母猪的体况必须是合适的。

准备在21日龄断奶的猪场，更应该关注这一寄养系统，即通过延长后备母猪1周哺乳期来保证子宫复原（图6-23至图6-25）。

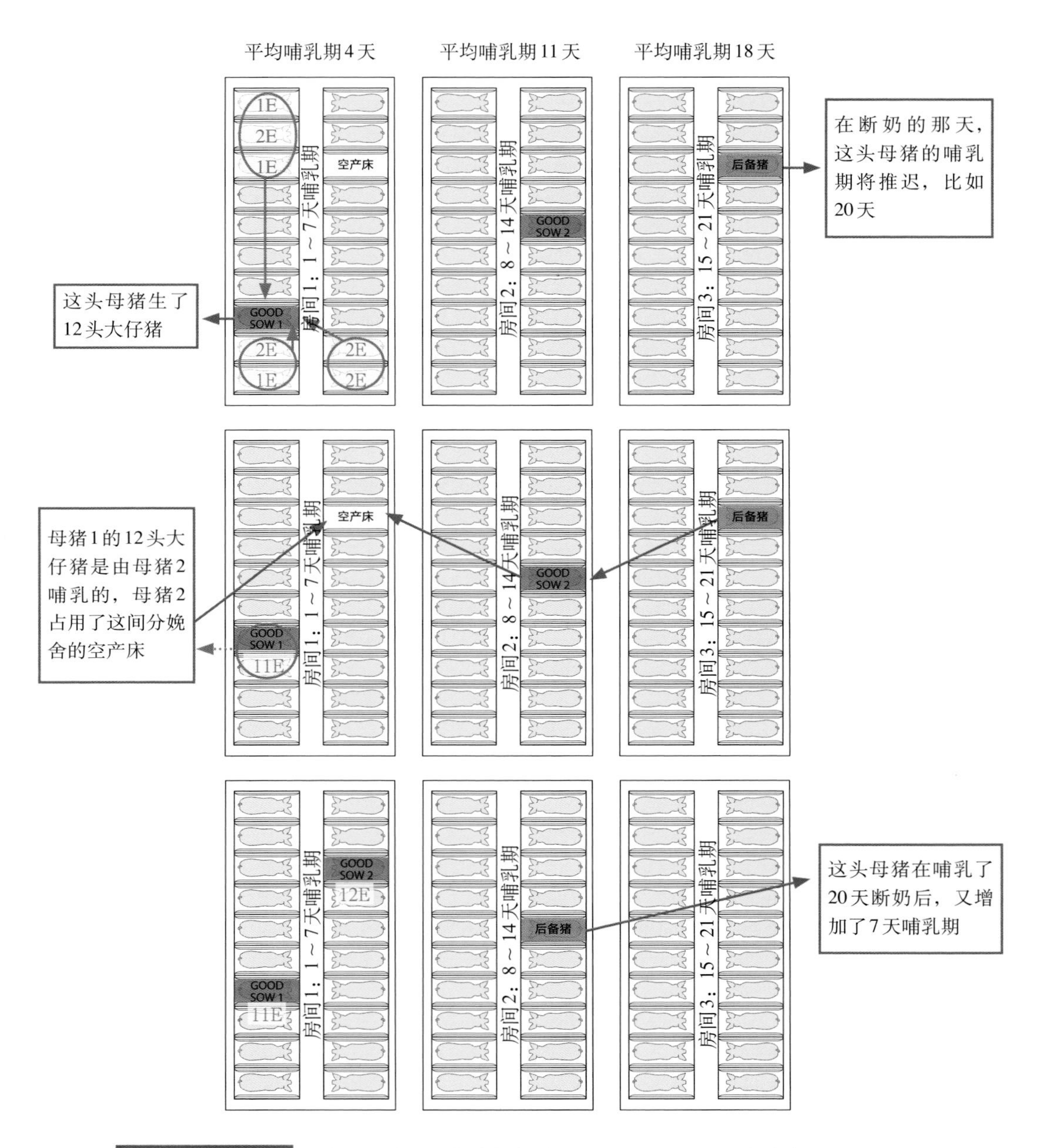

图6-23至图6-25　利用头胎母猪作为奶妈猪。GOOD SOW＝母性良好的母猪

这项技术最主要的优点在于当奶妈猪的哺乳期延长时，有可能是将它们转移到了下一批次去喂养更小的仔猪。然而，突如其来的变化可能会使它们拒绝哺乳新仔猪，因为它们会注意到仔猪的吃奶

量减少；它们甚至会在分娩舍发情。另外，大多数仔猪会在标准日龄和同批次的仔猪一起断奶，除了最后那头母猪的仔猪，它们可能会提前几天断奶。

在这个寄养体系下，分娩舍的任何空产床都应该利用好。然而，最优的方案是把上述两种寄养系统结合使用，因为使用第二种技术时奶妈猪增加的分娩间隔期可以被接下来更优的生产性能所补偿，而且可使死亡率下降，提供更多断奶仔猪 。

6.5 寄养的利与弊

前面已经提到，每种寄养技术都有其利与弊。为了便于比较，表6-1进行了总结。

表6-1　不同寄养技术的利与弊

寄养技术	优点	缺点
寄养（一般意义的）	•提高生产水平 •降低断奶前死亡率 •提高断奶重	•寄养工作需要专门的员工和时间
移动仔猪来分流寄养	•可以保持分娩目标和分娩间隔	•仔猪被从一个房间转移到另一个房间 •一些仔猪的断奶日龄降低
移动母猪来分流寄养	•管理更方便。把母猪从一个房间转移到另一个房间，比转移仔猪更容易 •寄养的仔猪同批次断奶	•分娩单元需要更多产床空间 •分娩的循环周期间隔延长，因为奶妈猪的哺乳期延长

7 哺乳期母猪和仔猪的疾病

7.1 引言

从健康角度而言，哺乳期的生产目标是为了获得大量的高健康度与低死淘率的仔猪，因为这会直接影响窝均断奶仔猪数及育肥期的生长。

本章根据病因及疾病的严重程度分类叙述了影响哺乳期母猪和仔猪的主要疾病及其预防措施和治疗方案。

7.2 哺乳期母猪的主要疾病

产后泌乳障碍综合征（PDS）、子宫炎和乳房炎通常发生在哺乳初期。 产后泌乳障碍综合征的特征是产奶量减少和不同程度的发热。同时可能伴有阴道分泌物，并且在很多情况下，可能伴有反应迟钝。子宫炎主要表现为通过阴道流出脓性分泌物。乳房炎是指母猪的一个或多个乳腺发生急性或慢性炎症。

7.2.1 胃肠道疾病

胃肠道疾病是哺乳期母猪死亡的主要原因之一。下面介绍的是在分娩舍最常见的疾病。

7.2.1.1 食管和胃溃疡

根据溃疡在胃部发生的位置不同，可将溃疡分为几种不同类型。贲门腺区溃疡最常见（图7-1）。那些发生在胃黏膜腺部的溃疡往往与全身性疾病有关。

胃、食管部分溃疡是最常见的胃溃疡类型。母猪可能会因急性胃内出血（图7-2）而猝死或发展为慢性型。因为内出血，患有胃溃疡的猪表现为精神沉郁，体表苍白。在大多数情况下，发病动物预后死亡。

图7-1 胃黏膜腺部的胃溃疡

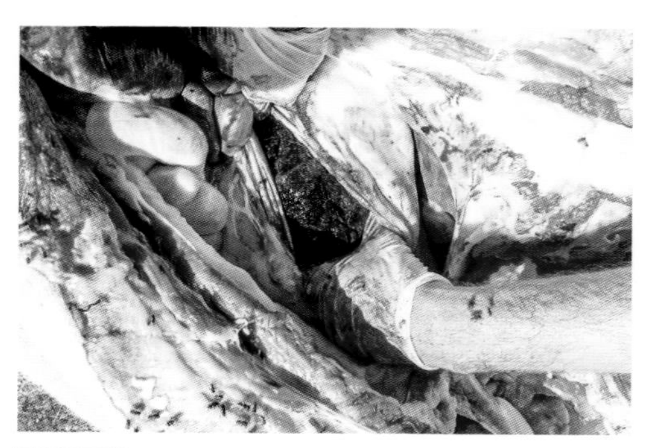

图7-2 溃疡引起的胃内出血

危险性因素不同，导致胃溃疡的病因也不尽相同，其中许多与饲料的物理特性有关：

· 精细研磨的原料颗粒大小＜500微米。精细研磨提高了饲料消化率，但也增加了溃疡的风险。

· 由于不合适的研磨和非常薄的颗粒的存在致使颗粒大小不均，是一项诱发因素。

· 用锤磨机加工谷物比用辊磨机加工更容易引起溃疡。

· 饲喂颗粒饲料比粉末饲料出现溃疡的概率更高。

· 燕麦和大麦比玉米和小麦导致溃疡的概率低。

· 硒和维生素E缺乏与胃溃疡发生率较高有关。

· 禁食会增加溃疡的发生率。

· 溃疡发生有一定的季节性。夏季溃疡的发生更频繁。

· 伴随疾病的存在也是诱发因素。

· 随着分娩日期的临近，溃疡发生率升高。

- 遗传倾向。
- 蛔虫感染似乎也是一个诱发因素。

7.2.1.2 梭菌病

诺维梭菌是一种天然存在于猪肠道的细菌。在某些应激因素下，它会产生芽孢，芽孢萌芽，从而产生毒素。这些毒素通常会引起超急性的毒血症而导致死亡，该病在母猪中称为猝死综合征。

猝死综合征是导致母猪死亡的最重要原因之一。大多数死亡发生在分娩前几天和哺乳期前几天，夏季病例数较多。

可观察到的病变是肝脏坏死，充满气体，胴体中积累气体，动物体看起来非常膨胀，并快速分解（图7-3）。

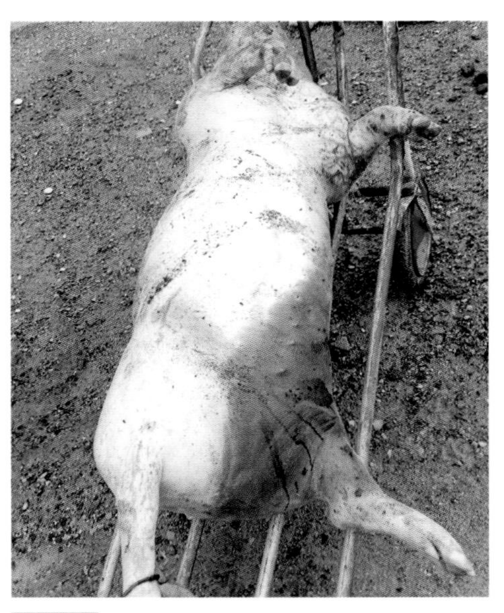

图7-3 因诺维梭菌引起的母猪突然死亡

由于感染母猪在死亡前几乎不表现任何临床症状，因此，发病过程是超急性的，故难以给予治疗。可对全群接种疫苗进行预防。

7.2.2 泌尿生殖道感染：膀胱炎和肾盂肾炎

此类疾病通常是因细菌感染上行所导致。已从病变部位分离出几种细菌，如猪棒状杆菌和肠杆菌类细菌。

产后泌尿生殖系统感染是母猪猝死的常见原因，在老年母猪中发病率更高。

为防止感染，重要的是保障母猪饮用高质量的水，并经常站起排尿。不能将泌尿生殖道感染与子宫炎相混淆。

7.3 仔猪的主要疾病

7.3.1 胃肠道疾病：腹泻

猪是单胃动物，消化系统与人类非常相似。食物与胃中的酸和酶混合，以促进食物分解。一旦食物经胃处理，就会进入肠道并经由肠上皮细胞进行吸收。肠上皮细胞是覆盖在肠道表面的绒毛的组成部分（图7-4）。

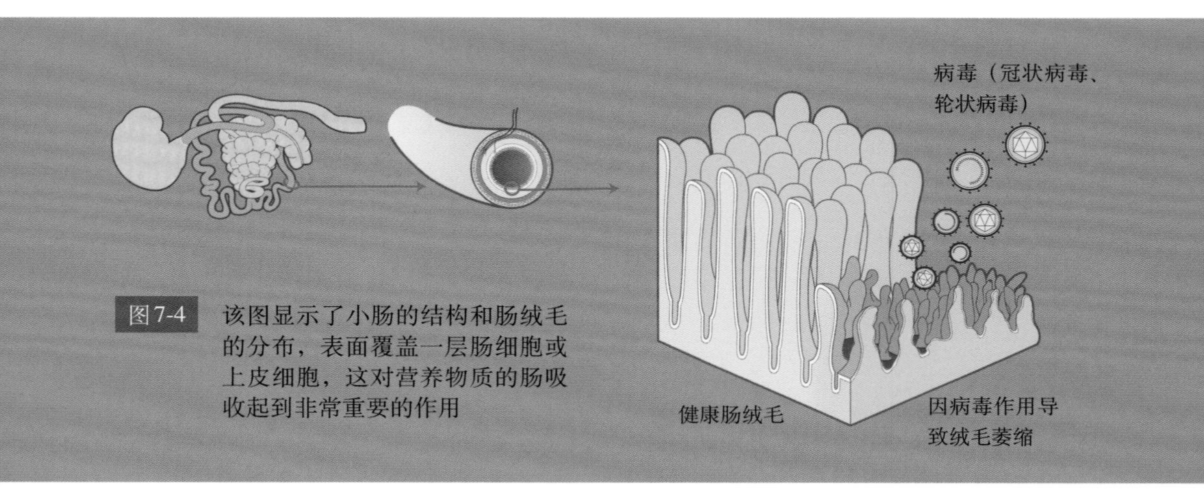

图7-4　该图显示了小肠的结构和肠绒毛的分布，表面覆盖一层肠细胞或上皮细胞，这对营养物质的肠吸收起到非常重要的作用

腹泻多是由于胃肠系统功能异常所导致，也是哺乳仔猪死亡的主要原因之一。仔猪主要因脱水所导致的低血容量性休克而死亡。仔猪腹泻主要由营养性或感染性因素所引起。

7.3.1.1 营养性因素

营养性腹泻的病因差异较大。一些作者认为初乳摄入不足是诱发因素，因为这会阻碍肠的发育和早期成熟，还会导致免疫球蛋白摄入不足。

相反，乳汁摄入过多也可能会导致腹泻，因为仔猪无法完全消化乳汁，乳汁在胃内被有效消化之前，已从胃中快速传递至肠道。这就解释了为何产奶量好的母猪和强壮的仔猪更容易出现哺乳期腹泻，因为这些强壮的仔猪食欲良好，可采食大量的乳汁。摄入代乳粉或教槽料会使腹泻恶化，尤其是营养不均衡时。

有时临床症状是软便而非腹泻。这是由于采食了湿料（液体饲喂系统），而不是病理问题。仔猪大肠的吸收能力有限，当采食量超过吸收的极限能力后，仔猪就不能吸收更多的液体，粪便会变软。

日粮中粗蛋白含量过高也会引发腹泻。这似乎与pH的变化及大肠杆菌增殖等诱因有关。

7.3.1.2 传染性因素

表7-1 中总结了导致哺乳仔猪腹泻的最常见的传染性因素。

表7-1 导致仔猪腹泻的主要传染性病原

病毒 细菌 寄生虫

疾病	病原	日龄	腹泻类型	病变	潜伏期
轮状病毒性肠炎	轮状病毒	从第1日龄至断奶后	白色、水样、糊状	因肠绒毛的中度萎缩导致肠壁变薄	18～96小时
猪流行性腹泻	冠状病毒	从1日龄至成年猪	水样、褐色，呕吐	因肠绒毛严重萎缩导致肠壁变薄	1～8天
传染性胃肠炎					1～4天
大肠杆菌病	大肠杆菌	从第1日龄至断奶后	水样、白色或黄色	肠壁扩张、充血	1～3天
梭菌病	C型产气荚膜梭菌	从1日龄至14日龄	带血	伴有气泡的坏死性出血	<1天
球虫病	猪等孢球虫	从5日龄至15日龄	水样、白色或黄色	小肠中存在纤维蛋白，肠炎，肠绒毛萎缩	4～5天

资料来源：改编自Leman，A.D.，Diseases of the pig，1999。

7.3.1.2.1 轮状病毒性肠炎

轮状病毒对肠细胞具有亲和性，是感染新生仔猪的肠道病原之一。这些无处不在的病毒在环境中非常稳定，且对温度变化、不同pH、化学产品与多种类型的消毒剂具有耐受性。

轮状病毒可通过粪–口途径传播。病毒进入动物体内后，到达小肠，侵入位于绒毛顶端的肠细胞，从而损伤或破坏许多细胞。随着肠细胞的融合，绒毛萎缩（图7-4）。通常萎缩程度比传染性胃肠炎病毒引起的轻微。该病的发病机制与传染性胃肠炎（TGE）和猪流行性腹泻（PED）病毒感染非常相似。由于渗透作用，细胞液流向肠腔，因吸收不良引起腹泻。死亡并不常见，但可能导致营养不良、脱水、电解质紊乱或心力衰竭等问题。

绒毛隐窝高度与所感染病原（PED病毒、TGE病毒或轮状病毒）有关。

包括母猪在内的病毒携带者会传染易感仔猪，或者已存在于环境中的病毒会感染易感仔猪。它们可能会呈现临床症状或者处于亚临床感染状态。在感染后12～24小时，感染仔猪会呈现临床症状，包括厌食、精神沉郁、腹泻和呕吐。3～4天后仔猪腹泻症状减缓，但生长速度变慢。若在7～21日龄感染，临床症状和病变相对轻微。

需要采取综合性治疗方案。例如，补水，给予抗生素以防止可能的细菌性继发感染，确保仔猪处于温暖而舒适的环境。有时需要利用温盐水进行腹膜补液。上述方案也可作为哺乳期仔猪感染性腹泻的标准治疗措施。

7.3.1.2.2 猪流行性腹泻（PED）

由冠状病毒感染导致，近年来因PEDV新病毒株的出现，在全球范围内PED发病率有所升高。PED是一种高度传染性疾病，在美国等国家引起急性暴发，哺乳仔猪死亡率高。与传染性胃肠炎（TGE）相比，PED同样是由冠状病毒引起的，但两种病毒抗原性不同，故两种疾病之间没有交叉免疫。PED只感染猪，不是人畜共患病，也不会感染其他动物。

引起PED的冠状病毒在环境中耐受性很强，助力了运猪车、污染物及其他接触过粪便的物质传播病毒。主要传播途径是粪-口途径，但在精液、血液和鼻内容物中也可检测到病毒，这解释了为何该病毒具有一定的经空气传播的能力。当血浆制备工艺正确时，通过猪血浆（其是代乳粉的成分之一）将病毒传入猪场的途径似乎已被排除。

PED病毒感染小肠上皮细胞，并在上皮细胞内复制，引起细胞萎缩和变性，并导致肠绒毛缩短（图7-4）。该病变阻碍了肠道对营养物质的吸收。

猪流行性腹泻具有高度传染性与急性临床症状，与阴性易感猪群感染TGE（流行病学形式）类似，表现严重腹泻和呕吐，导致几日龄仔猪的高死亡率（图7-5和图7-6）。临床严重程度与受感染仔猪的日龄呈反比，因为对于刚出生几小时的仔猪而言，其上皮细胞的再生能力比大日龄猪要弱得多。因此，哺乳仔猪急性发病的死亡率可能在30%～80%之间。10日龄以内的哺乳仔猪常因腹泻引起的脱水而死亡。强壮的或大日龄的仔猪可能存活、康复。

图7-5　猪流行性腹泻导致的哺乳仔猪呕吐与腹泻

母猪也可能表现出严重腹泻（图7-7），并伴有几天的发热与食欲不良。PED可导致母猪泌乳停止与乳房炎，这使仔猪的成活面临挑战。因为母猪采食量降低，断奶母猪的体况较差，导致断奶母猪的发情会延迟数日。

图7-6　由猪流行性腹泻病毒感染导致的哺乳仔猪腹泻

急性暴发后，哺乳舍腹泻会持续2～3周，但腹泻程度较轻微。这是因为猪群中存在易感动物亚群。一些科技人员报道了最初暴发PED后数周甚至数月后再次暴发新疫情。他们认为原因是：

猪群中一部分母猪未感染或猪场内引入先前未感染PEDV的后备母猪。

应对仔猪进行综合性治疗（与感染轮状病毒腹泻仔猪的治疗方案相同）：补液，给予抗生素以避免细菌性继发感染，提供温暖、干燥且无贼风的环境。因为目前尚无针对该病的有效疫苗，主要预防措施是执行良好的生物安全。

图7-7 成年母猪感染PEDV导致的腹泻

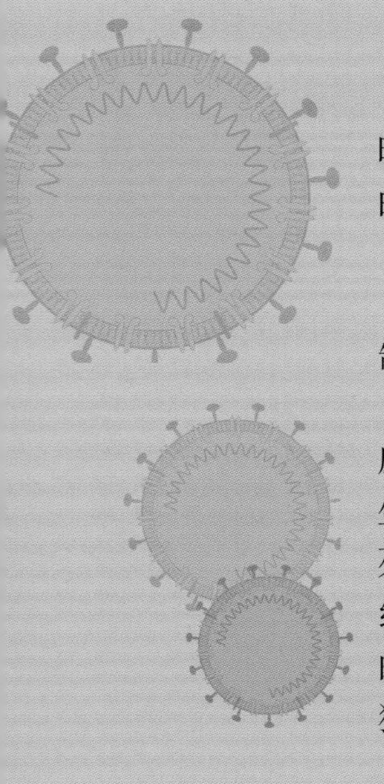

冠状病毒感染（PED）的预防措施

当兽医发现某从未接触过PED病毒的猪场暴发PED时，所有年龄段的猪都易发生腹泻，且哺乳仔猪高死亡率的概率很大。

一旦确认猪场感染了PED，应遵循下面三项关键步骤制订控制策略：

1.通知。必须报告PED病毒感染的实验室诊断结果。应该将这些信息告知邻近的猪场，以便他们采取最严格的生物安全措施。也应该通知负责运送饲料、精液及处理病死猪的公司，以便他们根据生物安全标准调整车辆行进路线（阳性猪场应该是行进路线的最后一站）。这一步的目的是试图将疾病控制在本场内，并避免PEDV传播到其他猪场内。

2.稳定猪场。在短时间内（大约10天）引起PEDV在该猪场的广泛传播，并使该猪场的所有猪产生免疫力。母

猪群通过接触或被返饲有PED病毒的粪便或肠道（优选感染仔猪肠道，因为其对外散毒率较高）而获得群体免疫力。应确保所有母猪在进入分娩舍之前都经历过感染。

3.不要向猪场内引入后备母猪。当确诊PED暴发时，建议推迟4～5个月引入后备母猪，这样可确保所有母猪都感染了病毒，而且都不再易感。否则，可能会在场内建立一个易感的亚群，并导致再次暴发。

若遵循上述方案，猪场的生产成绩很可能在三四周后恢复到正常水平，哺乳仔猪体况显著改善，死亡率大幅下降。PEDV在该猪场流行的可能性也将大幅降低。

7.3.1.2.3 传染性胃肠炎（TGE）

传染性胃肠炎（TGE）是由冠状病毒引起的，可影响各年龄段的猪。

TGE病毒主要通过粪–口途径传播，尽管有报道称在近距离接触的猪之间，空气传播是可能的病毒传播途径。病毒入侵后，会感染小肠黏膜，因肠上皮细胞被显著破坏而导致肠绒毛萎缩。肠道绒毛萎缩导致急性吸收不良综合征。发病严重的猪最终因脱水、代谢性酸中毒以及因电解质紊乱（高钾血症）引起的心力衰竭而死亡。

根据猪群冠状病毒的免疫状态，该病会呈现三种不同的临床形式：

a.**流行性暴发**：对于之前未接触过TGE病毒的猪场，因为猪群没有免疫力，所有猪均易感。此类病例，疾病传播非常迅速，并感染所有猪，从而造成巨大损失。发病仔猪呈现黄色水样腹泻、呕吐、体重减轻和脱水。死亡率高（一些科技人员认为1周龄以内的仔猪死亡率约10%）。

发病母猪表现为采食量下降、无乳症，进一步导致哺乳仔猪的成活率下降。有些母猪也会出现腹泻、呕吐。

b.**地方性流行**：在存在TGE病毒的猪群，当引入后备猪时，后备猪常易感染，从而使该病持续存在。在这种情况下，仔猪也会发生腹泻，但不严重，而母猪几乎没有临床症状。

c. 在曾感染过猪呼吸道冠状病毒（PRCV是TGE病原冠状病毒的变种）的猪群发生TGE：当母猪感染PRCV后，就会产生抵抗导致胃肠炎的冠状病毒的中和抗体，从而为猪提供免疫。此外，那些已经感染过PRCV的猪通常不表现任何临床症状，TGE呈亚临床感染。在欧洲，PRCV在猪群中的传播非常迅速和广泛。因此，猪群已产生针对TGE的免疫力，TGE对猪群的影响较小。

饲料中缺乏锌、免疫缺陷猪、低温（病毒对低温有很强的抵抗力，因此表现一定的季节性）是诱发该病的主要因素。犬、猫和鸟类等动物可作为TGEV的携带者。

目前没有针对该病毒的有效治疗方案，但与轮状病毒和PED冠状病毒感染相同，应根据临床症状进行综合性治疗，补液，为仔猪提供充足热源，确保环境干燥，使用抗生素控制由大肠杆菌引起的继发感染。

在猪场从临床角度鉴别PED与TGE的感染较为困难，因为它们在起源、传播途径、作用机制、临床特征、病理变化和治疗等方面差异不大，仅表现细微差异。由于TGE的潜伏期较短，发病较急，因此其病程较快，肠绒毛萎缩程度更严重。此外，一旦急性感染消退，PED病毒似乎更容易在猪场内持续存在。

临床上很难区分PED与TGE感染，除非使用实验室诊断技术。

7.3.1.2.4 大肠杆菌病

大肠杆菌是引起新生仔猪和哺乳仔猪腹泻最主要的病原体。大多数大肠杆菌是共生菌，它们生活在宿主肠道内且无致病力，仅少数菌株有致病力。

近年来大肠杆菌不同毒力因子相继被报道，根据其毒力因子和发病机理，将不同菌株分为几种致病型（表7-2）。

表7-2 大肠杆菌致病型的分类

致病型	疾病
肠毒素性大肠杆菌(ETEC)	新生仔猪腹泻、哺乳仔猪腹泻、断奶仔猪腹泻
肠道致病性大肠杆菌(EPEC)	断奶仔猪腹泻
产志贺毒素型大肠杆菌(STEC)	水肿病
肠外致病性大肠杆菌(ExPEC)	大肠杆菌性败血病、多发性浆膜炎、泌尿系统感染

资料来源：Gyles,C.L. and Fairbrother, J. M. *Escherichia coli*. In：Pathogenesis of bacterial infections in animals （Ed：C.L. Gyles, J.F. Prescott, J.G. Songer y C.O. Thoen), 4th ed., Wiley-Blackwell,Oxford, UK（2010）。

从表7-2可以看出，新生仔猪和哺乳仔猪腹泻的致病型是肠毒素性大肠杆菌（ETEC）。它通过黏附到小肠上皮细胞的微绒毛并产生肠毒素来改变水和电解质的分泌，导致水分向肠腔过度分泌。如果大肠不能吸收多余的液体，这种水分分泌过多会导致腹泻。新生仔猪腹泻和哺乳仔猪腹泻多是过度分泌性腹泻。腹泻的发展和演变取决于以下因素，例如：

· **细菌类型**：根据大肠杆菌所具有的不同的抗原，可将大肠杆菌分为许多不同的毒株。这些抗原决定了细菌的致病力、细胞黏附方式以及细菌的许多其他特性。

· **宿主**：动物的免疫状态也在腹泻的发展中起重要作用。免疫缺陷动物的发病率要高许多。

· **环境**：分娩舍温度控制不当导致仔猪低体温症可能是该病的主要诱发因素之一。此外，分娩舍卫生条件不良也会导致新生仔猪腹泻的出现和传播。

大肠杆菌通过粪-口途径传播。新生仔猪如果出生后接触到受污染的母猪粪便几分钟即可感染，因为它们出生时没有先天性免疫力，在摄取初乳之前也没有获得性免疫。对于几日龄的哺乳仔猪，腹泻多因应激性因素所导致或那些影响细菌与宿主之间平衡的多重因素共同作用所导致。

为了将抵抗大肠杆菌的免疫力传递给仔猪，母猪必须产生针对猪场目前存在的致病菌株的抗体。因此，母猪应通过妊娠期的返饲来接触这些致病细菌，同时确保所有仔猪喝到初乳是非常重要的，通过初乳它们可获得抵抗细菌早期感染的最低抗体水平。头胎母猪的仔猪出生后几小时通常会出现腹泻，因为这些母猪没有充分接触当前猪场内的大肠杆菌，故不能将免疫力传递给它们的仔猪。

该病的临床表现在很大程度上取决于猪的年龄：

· **新生仔猪腹泻**：感染仔猪呈现严重的水样腹泻、脱水、精神不振和多发性关节炎。该病导致高死亡率（图7-8）。

· **哺乳仔猪腹泻**：仔猪呈现中度腹泻和生长速度下降（图7-9）。该病的死亡率较低。

母猪通过初乳使仔猪获得抵抗大肠杆菌的保护性抗体对本病的防控至关重要。

图7-8　大肠杆菌性腹泻：刚开始呈现临床症状（左）和已展现临床症状（右）之间的区别

图7-9　大肠杆菌性腹泻引起的仔猪生长迟缓

剖检死亡时没有任何临床症状的猪，发现脱水、胃扩张（可能含有未消化的凝乳块）和小肠壁充血等病变。

为了精确诊断当前猪场内存在的大肠杆菌类型，建议采集直肠拭子样品和肠道样品，进行细菌培养及PCR（聚合酶链式反应），以便鉴定毒力因子和进行菌株分类。

该病的预后随腹泻发生时的日龄而不同。大多数哺乳仔猪可在猪场工作人员适当的监督和照顾下康复。

治疗方案包括：根据抗菌谱选择敏感的抗生素，对发病猪进行补液。干燥和温暖的休息区对仔猪康复是非常重要的。

确保母猪在分娩时产生抗体，且可通过初乳将免疫力传递给仔猪，这对于预防哺乳仔猪腹泻非常重要。这就是为什么要在预产期之前几周使用感染性病料进行返饲和开展疫苗免疫接种。

当母猪场暴发腹泻疫情时，应持续执行与审查生物安全措施。这些措施应包括：在每间产房入口处放置装有消毒剂的脚踏盆，在进行仔猪注射操作时频繁更换针头，不要将腹泻仔猪进行窝间移动。

7.3.1.2.5 梭菌病

7.3.1.2.5.1 产气荚膜梭菌

产气荚膜梭菌是导致仔猪腹泻的病原菌之一。主要分两种类型：C型（CptC）和A型（CptA）。本节重点介绍C型产气荚膜梭菌，因为它具有较强的致病性和破坏性。

仔猪出生后几个小时就可以通过接触含有致病性梭菌的母猪粪便而被感染。分娩舍卫生条件差会增加仔猪感染的可能性。

当细菌到达小肠部位后开始增殖，它们黏附于肠细胞，并产生坏死性 β-毒素，导致上皮细胞坏死和脱落，并伴随出血和炎症。此外，气体产生并积聚在肠腔和/或肠壁中，从而引起气肿。

C型产气荚膜梭菌造成肠毒血症，其特征是新生仔猪和哺乳仔猪发病率不一和高死亡率。C型产气荚膜梭菌的临床症状取决于感染剂量、细菌毒力和初乳的免疫力。易感的新生仔猪在感染后发病，可能在4～8小时后死亡。较大日龄的仔猪感染后迅速变虚弱，且被母猪压死的可能性非常大；幸存的仔猪会表现黄灰色黏液性腹泻和生长速率下降。在急性暴发时，仔猪甚至未表现腹泻就已死亡。

可通过病理剖检进行诊断。可发现腹部皮肤变黑及胸腔和腹腔血性液体增多等大体病变。病变通常影响整个小肠，部分盲肠和结肠也可能受到影响，其腔内有气体和血性液体，在肠袢间可观察到纤维性粘连。在急性病例，小肠呈深红色且表现坏死、出血。

A型产气荚膜梭菌引起的病变并不严重，可观察到肠壁变薄且小肠内充满液体。可通过细菌培养进行诊断，PCR可区分A型和C型产气荚膜梭菌。

依据抗生素的抗菌谱选择治疗药物。需对病猪补充水分，并置于环境舒适的地方。

母猪在妊娠期间免疫2次大肠杆菌与产气荚膜梭菌的联合疫苗，通过初乳将抵抗毒素的免疫力传递给仔猪（在妊娠期中期进行首次免疫，分娩前2～3周加强免疫）。

7.3.1.2.5.2 艰难梭菌

艰难梭菌感染会导致仔猪高死亡率，当前重要性越来越大。

艰难梭菌感染发生于仔猪的结肠，致使仔猪发生腹泻并导致不同的发病率和死亡率。通常发生于1～7日龄的仔猪。大多数艰难梭菌菌株产生导致结肠炎和结肠系膜水肿的全身性系统疾病相关的毒素。艰难梭菌的发病机制似乎与A型和C型产气荚膜梭菌有共同之处。因此，艰难梭菌相关腹泻有时难以与由A型和C型产气荚膜梭菌引起的新生仔猪腹泻区别开来。必须通过实验室技术对病原进行诊断。

病变发生于盲肠和结肠，包括结肠系膜水肿、结肠中水分增多。此外，有时还有呼吸系统症状和/或猝死。

该病的治疗与产气荚膜梭菌相同。可使用该菌特异性菌株疫苗进行免疫预防。

7.3.1.2.6 球虫病

广义的球虫病是由艾美耳属（艾美耳球虫病）和等孢属（等孢球虫病）的几种原虫引起的寄生虫病，包括由隐孢子虫属、肉孢子虫属和弓形虫属引起的寄生虫病。狭义的球虫病通常专指由艾美耳球虫和等孢球虫引起的疾病。

本节重点讨论等孢球虫，其被认为是哺乳期间球虫病最重要的病原。

等孢球虫有一个直接生活史（没有中间宿主）。该病主要影响幼龄仔猪，仔猪感染后表现临床症状。成年猪也会感染，但不会表现任何临床症状。

图7-10详述了等孢球虫的生活史。等孢球虫生活周期的一部分发生在猪体内，主要在肠上皮细胞中，它在其中繁殖并通过复杂的过程形成卵囊；生活史的另外一部分发生在体外，卵囊随粪便排出（每克粪便内含高达400 000个卵囊），当形成孢子时获得感染能力。

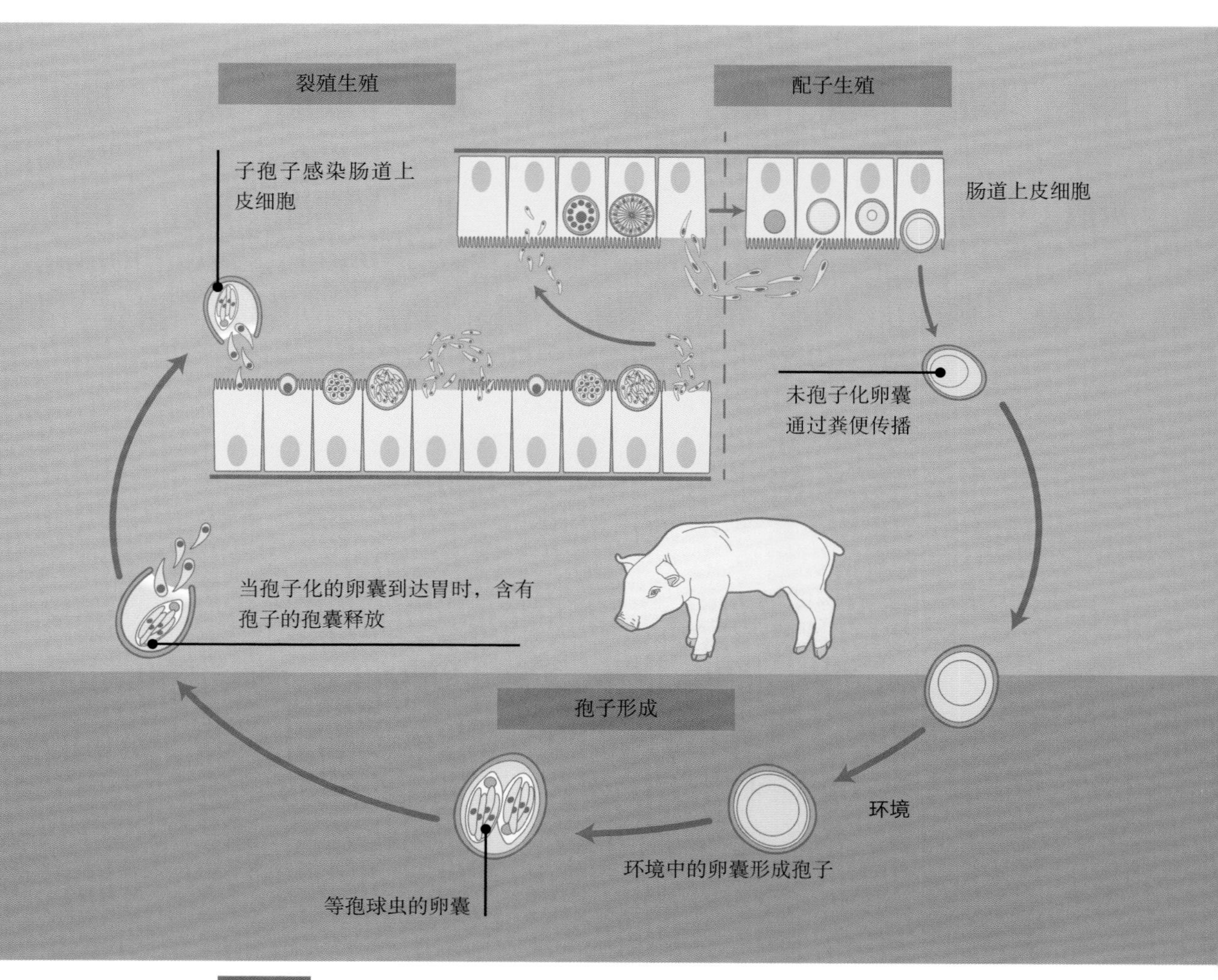

图7-10 猪等孢子球虫的生活史

卵囊有很强的环境抵抗力，可以在环境中存活1年。常见的高温、高湿的产房环境会加速孢子的形成。有些在排出后12～16小时就可观察到一些孢子化的卵囊。大部分卵囊在排出体外48小时后形成孢子。

仔猪出生后几天后就会被感染。仔猪从第3周开始产生保护性免疫反应，这就解释了为什么在断奶后猪球虫病的发病率会下降。感染仔猪是主要传染源。正如所观察到的，母猪似乎并没有在猪球虫的传播中起决定性作用。

球虫一旦感染就很难从猪场中清除，因为如果设施受到污染，球虫可从一代仔猪传播到另一代（饮水槽、料槽、地板……）。已经证实实心地面或半漏粪地板比全漏粪地板的球虫病发生率更高。

不同阶段的球虫在猪肠道内繁殖均会导致大量肠细胞受损，这可降低肠道对营养物质（特别是脂质）和水的吸收，从而导致腹泻、脱水、电解质损失和较低的生长速度。病猪的粪便呈浅黄色、腥臭味，由于脂质吸收不良具有脂肪和糊状特征（图7-11），故又称之为哺乳仔猪脂肪痢或白痢。

猪球虫主要感染5～15日龄的仔猪。该病比较常见且死亡率较低，但会造成仔猪生长迟缓。致病程度取决于仔猪摄入的卵囊数量及种类。该病通常具有很高的发病率。

猪球虫病的诊断简单而便宜。只需通过悬浮法进行粪便检查，悬浮法可发现孢子化卵囊，利用粪便培养物可鉴定球虫的种类。

图7-11　由等孢球虫引起的仔猪腹泻

预防措施是3～4日龄仔猪口服托曲珠利（按每千克体重20mg）。通常在产房仔猪操作时给药。

防治球虫病可选用抗球虫药并配合适当的卫生措施，如使用合适的产品清洁和消毒产房，并采用“全进全出”方案。

7.3.2 其他疾病

7.3.2.1 链球菌感染

猪链球菌是猪的上呼吸道、生殖道和消化道中的常见菌。因此，仔猪在出生时和哺乳期受感染的可能性相对较高。

链球菌感染通常发生在断奶时免疫抑制的猪，主要发生在断奶后，断奶前很少发生。Reams等（1996）进行了1～32周龄猪的猪链球菌感染案例研究，结果表明：75%的链球菌案例发病猪日龄小于16周龄。

发病猪的临床症状包括因败血症导致的发热，神经性异常，如共济失调，主要表现为与脑膜炎有关的划水运动、角弓反张和抽搐等（图7-12）。猪链球菌也感染关节引致关节炎，感染呼吸系统引致肺炎。典型病变是与支气管肺炎相关的纤维素性化脓性心包炎及胸膜炎（图7-13）。

图7-12 猪链球菌感染导致的脑膜炎

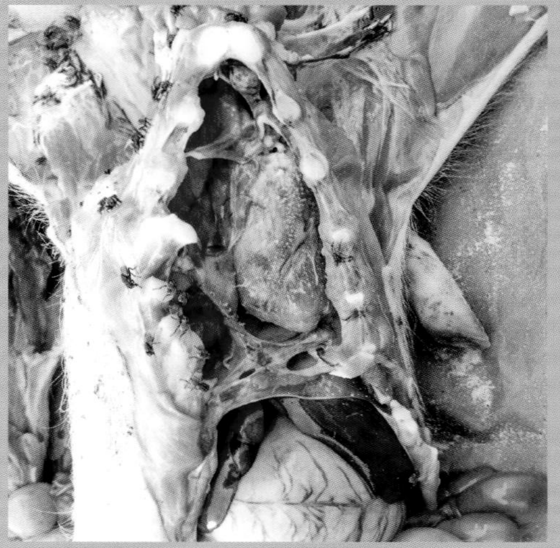

图7-13 猪链球菌感染导致的纤维素性心包炎、胸膜炎

因为可从明显健康的猪肺脏中分离到链球菌，故应根据细菌分离、发病猪的临床症状和病变等进行综合诊断。因猪链球菌引起的猪链球菌病与副猪嗜血杆菌引起的格拉泽氏病在临床症状与病变上非常相似，故很容易将两病混淆，应注意鉴别。

治疗措施包括经口服或非肠道途径给予敏感的抗菌药物。
预防措施包括适当的卫生措施和保持分娩舍的良好环境。

7.3.2.2 油皮猪（渗出性皮炎）

葡萄球菌是导致渗出性皮炎的病原。本病有时也称湿疹。根据Martineau（2011）等的研究，该细菌可能与皮肤坏死有关（耳、鼻、尾巴坏死和面部坏死杆菌病，如图7-14所示）。

渗出性皮炎可影响产房和断奶后的仔猪。发病率为0.5%～1%。发病率与仔猪免疫力低下有关，如有共发疾病、环境条件恶劣（湿度超过60%，高温，该病具有明显的季节性，春季和秋季病例较多）可促进细菌的增殖。渗出性皮炎与仔猪在产房混群时的打斗有关，因为伤口可成为细菌入侵的途径。

渗出性皮炎有2种主要的表现形式：
- 全身性的感染形式，通常发生于几日龄的仔猪（图7-15）。
- 多点式发病，多见于大日龄仔猪。

图7-14　由葡萄球菌引起的仔猪面部坏死

图7-15　由葡萄球菌引起的仔猪渗出性皮炎的典型病变

葡萄球菌的致病机理是产生表皮剥脱毒素，促使细胞桥粒的退化（桥粒是专用于细胞间黏附的细胞结构，因此是维持上皮结构所必需的）。

最初的皮肤损伤是颗粒层内病灶的糜烂，病灶逐渐延伸至毛囊，并引起化脓性毛囊炎。皮脂腺活动增加并产生过量皮脂，导致瘙痒症的出现，促使表皮糜烂。最终，多余的皮脂在病灶处干燥结痂。干燥的痂皮逐渐联合成一整块，形成全身性的病变。有时发生肾上皮细胞的变性和脱落，并导致脱水。通常因脱水、蛋白质和电解质流失而引起死亡。

病猪表现精神沉郁、厌食，最初仅观察到皮肤红斑。皮肤红斑较小且通常开始于腋窝和腹股沟，并最终发展到全身。痂皮通常会在短时间内形成，且多出现在头部，各痂皮趋向于结合成一整块。也常发现口腔、舌溃疡。仔猪常在几天后死亡。该病通常发病率低，死亡率高，可从一头仔猪传给其他同窝仔猪。

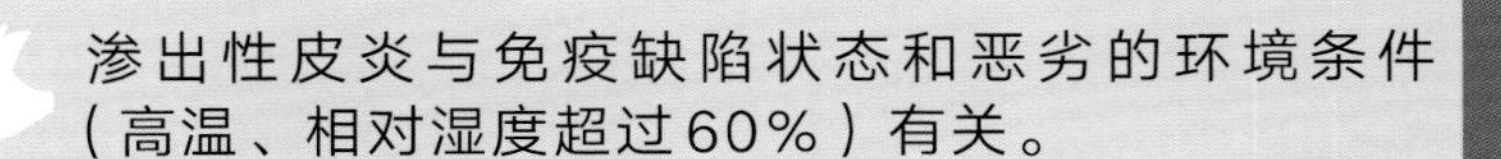

选用广谱抗生素，如阿莫西林–克拉维酸或头孢菌素。此外，可用洗必泰清洗皮肤表面。保持适宜的卫生条件，清洗分娩舍及设备以保持干净。该病普遍存在于推荐对仔猪剪牙的猪场。

7.3.2.3 关节病变

哺乳仔猪的四肢表现不同类型的损伤和不同程度的跛行是非常普遍的。

腕部受损是典型的病变（图7-16和图7-17）。这些损伤通常出现在那些地板粗糙的猪场，仔猪为了吃奶而跪在腕部造成损伤。铁质漏缝地板比塑料漏缝地板更易发生。

有时候也可能在蹄垫或蹄掌部观察到病变和炎症，这源自出生后几小时内感染造成的小糜烂。

母猪踩伤仔猪肢体是仔猪跛行的另一个可能原因。也可发现由诸如猪链球菌、猪滑液支原体及其他传染性病原引起的关节炎和关节损伤（图7-17）。

可注射抗生素联合抗炎药物对这些损伤部位进行治疗，患处用伤口护理喷雾剂喷雾及防腐剂清洗。

图7-16　仔猪的腕部损伤，可能因粗糙表面摩擦引起

图7-17　感染性肩关节炎症，由粗糙地面磨损引起的损伤，也可发生于腕部

8 人员管理

8.1 人员因素

在竞争日益激烈的全球市场中，养猪企业必须高效运营。猪场成功运营的决定性影响因素之一就是人员因素。

过去几年，养猪业在遗传、营养、健康及设备等方面取得了骄人的进步。但它们如何在养猪生产中得到应用仍然取决一线工作人员（图8-1）。因此，必须设计合理的人力管理方案，特别是在养猪场日益扩大，员工人数不断增多的背景下。

以下是影响养猪场业绩的3个主要因素，按重要性排序：第一，人员素质；第二，设施质量；第三，猪场健康状况。

在产房工作的员工应当确保母猪分娩后以最佳方式进行哺乳。最终的目标是要断奶尽可能多的仔猪，并最大限度地提高断奶重。

关于养猪场的人员管理，必须知道并理解一系列关键概念（图8-2）：

- 选任。
- 培训。

· 激励。
· 技能培养。
· 计划。
· 责任。
· 沟通。

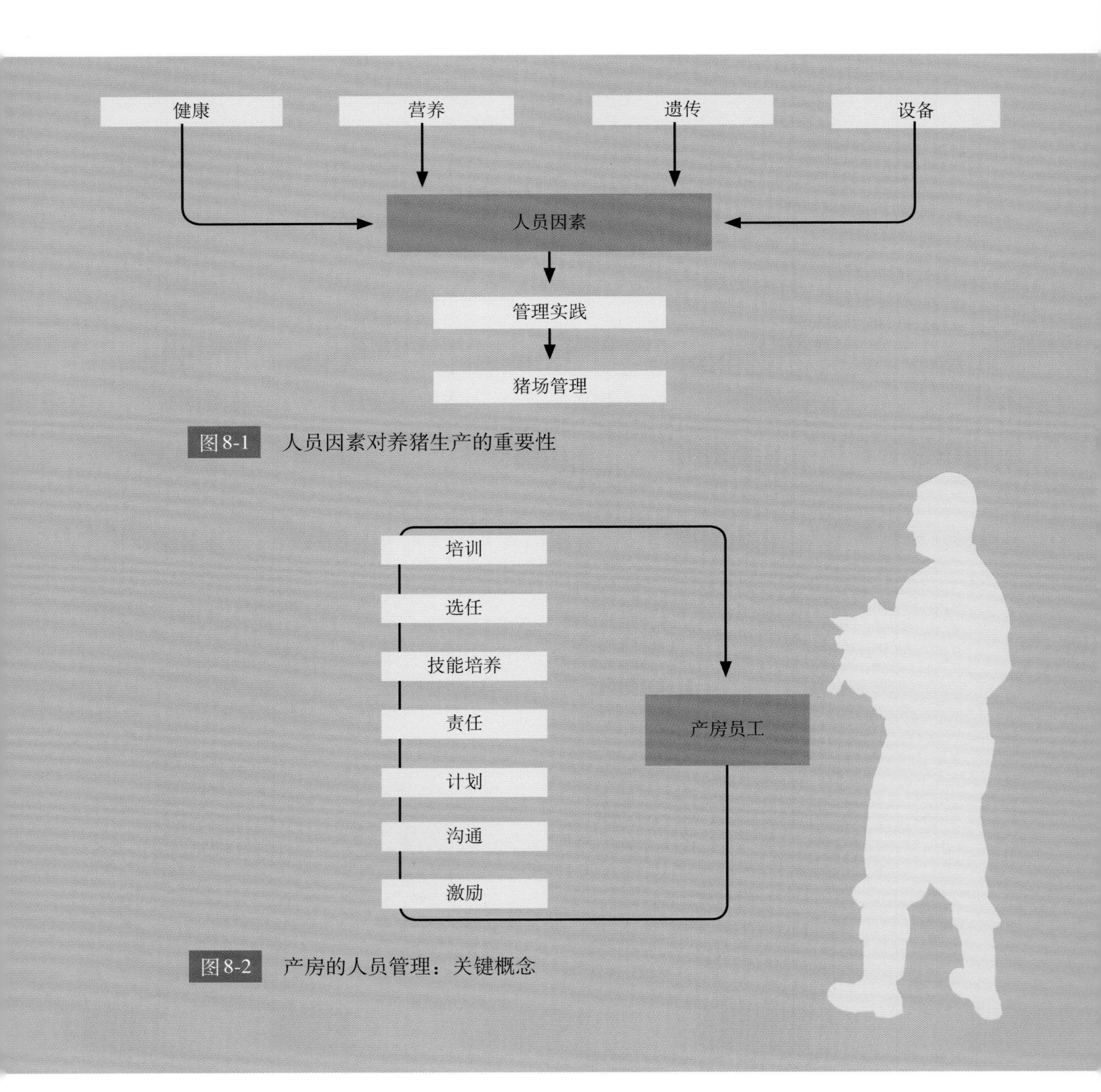

图8-1 人员因素对养猪生产的重要性

图8-2 产房的人员管理：关键概念

8.1.1 选任

在进行猪场人员管理时，员工录用是第一要务。

养猪场提供的就业机会有一些不足：在农场工作、全年无休（包括节假日和周末）、行业形象较差等。这导致猪场场长脑海中的第一反应就是“我们招不到任何人”。

关键是提供的条件要对候选人有足够吸引力，让其对提供的工作感兴趣。这样可以根据猪场的需求遴选员工。

为了吸引年轻的合格人员，必须消除大多数人传统观念对养猪行业的误解。猪场工作已经不再是肮脏、恶臭、辛苦、不需要任何任职资格或社会地位不高的工作。这是一个技术要求越来越高的行业，需要畜牧管理和管理实践方面的培训。由于猪场的自动化程度越来越高，还需要依赖管理软件的使用。

在选用人员时，需要明确定义以下几个要素：

· 任务：需要执行并付出时间的工作。

· 公司的组织架构和每个员工的报告对象。

· 工资和激励措施。

· 劳动合同的类型。

· 工作时间表、周末排班、节假日。工作时间、假期和周末轮班的灵活性至关重要。

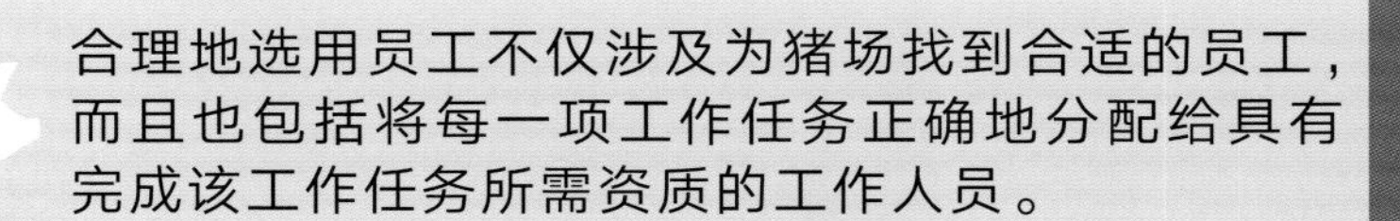

8.1.2 培训

毋庸置疑，人员是养猪生产中最重要的资源。然而，养猪企业经常在设备、遗传、营养等方面投入大量资金，但在人员培训方面的投入很少。

在目前的背景下，猪场的规模日益扩大，而技术知识和技能都是基本要求。随着猪场生产成绩越来越高，猪场员工的培训和专业化都变得非常重要，特别是那些将在产房工作的员工。所提供的培训应分为理论部分和实践部分（图8-3和图8-4）。

图8-3　养猪技术人员的理论培训

图8-4　养猪技术人员的实践培训

产房管理实践、营养、寄养技术、接产等方面的培训对猪场的生产成绩具有短期或中期的积极影响。这方面的投资可以快速改善生产指标（图8-5 和 图8-6）。

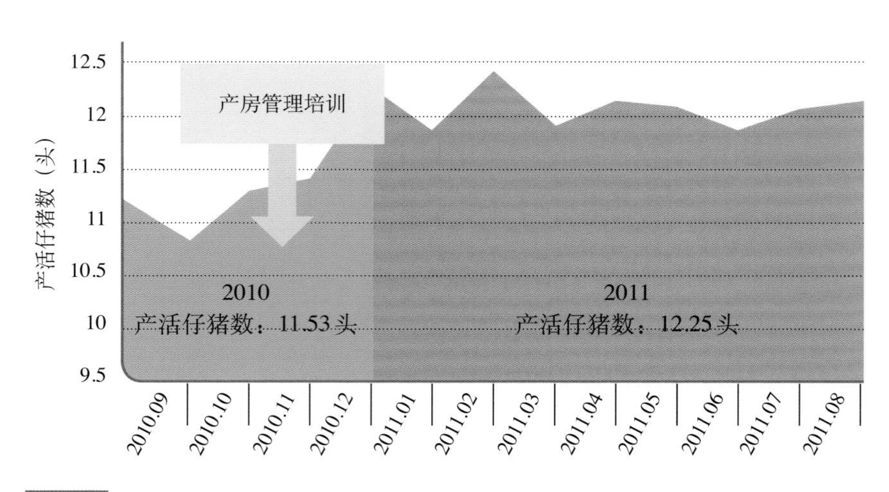

图8-5　经培训后猪场“产活仔猪数”指标的改善

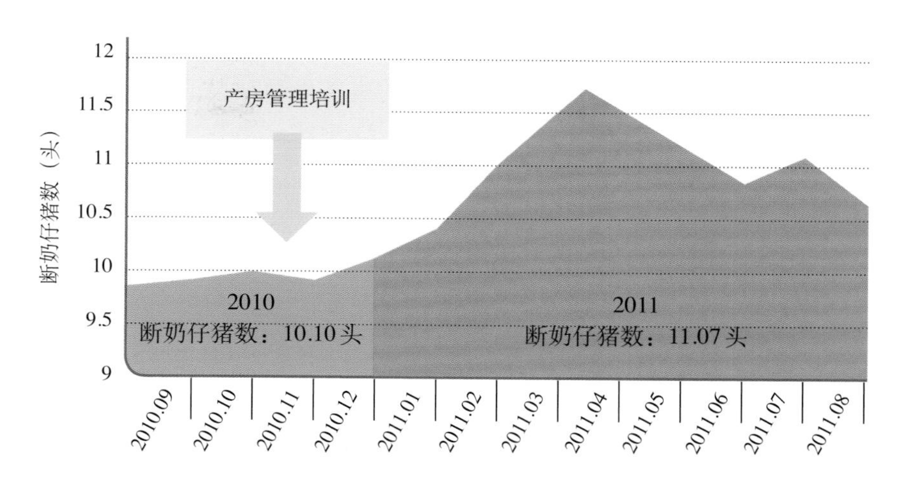

图8-6 经培训后猪场“断奶仔猪数”指标的改善

8.1.2.1 规划培训方案

根据每个人在猪场的工作分工、经验及职责的差异，规划不同的课程或培训层级。这一点很有必要。

· 面向经验不足员工的课程：在完成培训课程后，参训人员应完全理解猪场工人所有工作任务的工作方法和原理。

· 面向经验丰富人员的课程：在这种情况下，培训方案应侧重于管理实践，尤其应强化对猪场生产成绩有较大影响的产房管理实践。

如果由公司外部人员提供培训，必须明确技术标准和培训方案的目标。这种方法可以确保培训符合组织培训的公司的要求，避免课程或研讨会上的观点与该公司的规定相冲突。

8.1.3 激励

激励是发起、引导和维持行为的动力，直到所期望的目标或目的得到实现。

激励的目的是达到更高的生产管理水平。当员工对工作和公司感到满意时，就可以实现这一目标；动机并不总是与金钱有关，至少不是直接与金钱有关。与其他行业工作相比，畜牧工人必须有更令人满意的工作激励，同时需要有晋升的机会。

在我们的业务中，必须找出导致工作繁琐且令人不满意的因素（例如：恶劣的工作环境，图8-7）。首先，消除消极怠工比启动员工激励计划更为重要。

为了感受到激励，员工需要：

- 优厚的薪资。
- 优越的工作环境（图8-8）。
- 社会福利。
- 年度假期和周末轮休。
- 成为公司专业人士的机会。

公司可通过经济性或非经济性两种不同的方式来满足员工的激励需求。

图8-7 脏乱的更衣室导致恶劣的工作环境

图8-8 整洁的更衣室有利于创造良好的工作环境

8.1.3.1 经济薪酬

经济薪酬是向雇员提供直接（工资和奖金）或间接（保险、医疗保健服务、带薪假期等）的经济利益。

8.1.3.2 非经济薪酬

非经济薪酬（如完成工作后的个人满意度、整洁的工作环境、更衣室、就餐区域和良好无损的工作服等）为员工提供了一系列其他收益，这对于保持较高的激励水平也非常重要（图8-9和图8-10）。

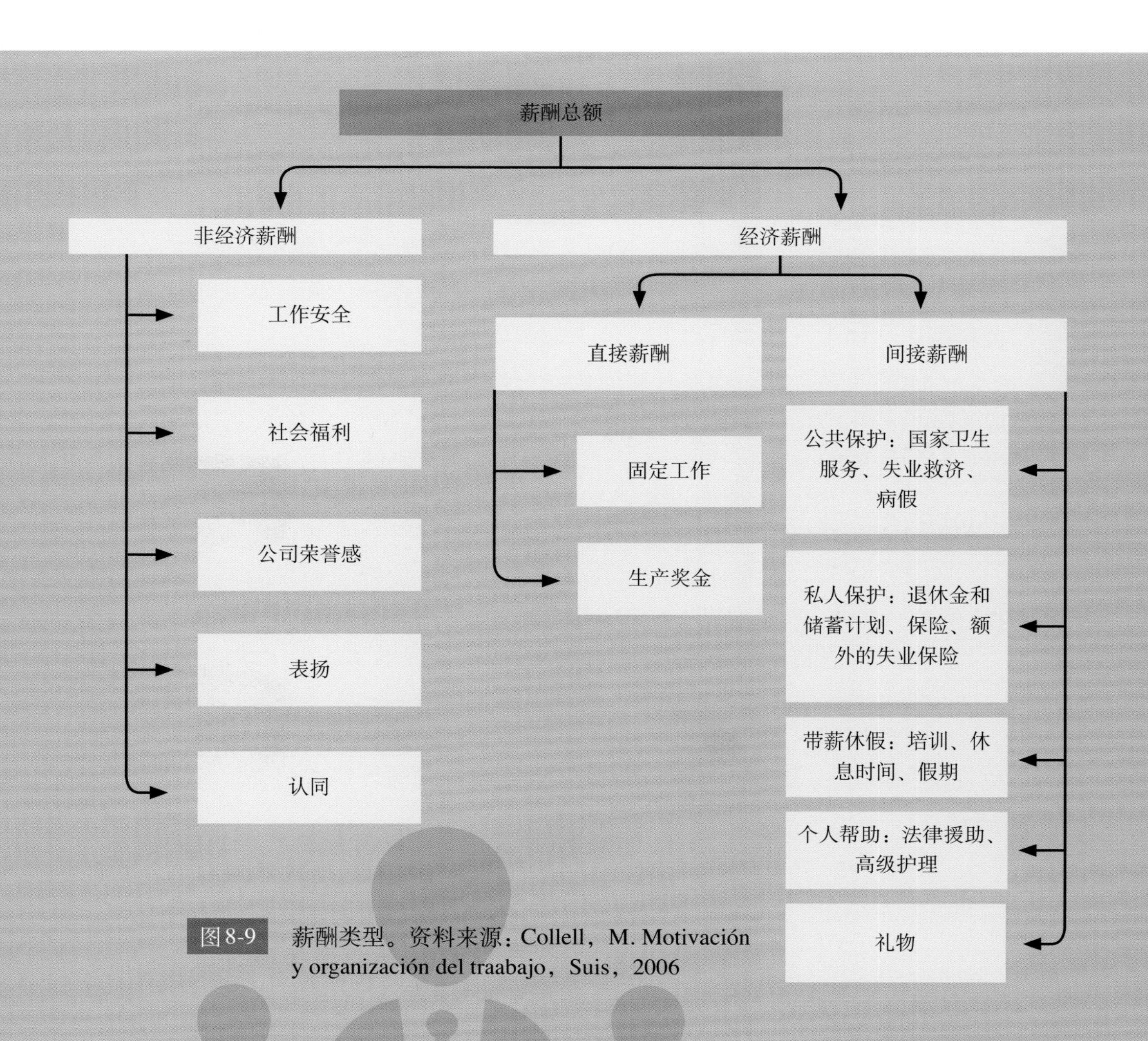

图8-9 薪酬类型。资料来源：Collell，M. Motivación y organización del traabajo，Suis，2006

8.1.4 技能培养

技能培养可使员工获取理论和实践技术知识，以更高效地执行特定任务或活动。在本书中指所有与母猪哺乳相关的领域。

图8-10 带公司名称的工作服，可提升任务识别度和激励水平

8.1.4.1 与哺乳相关的任务

• 仔猪处理：必须执行补铁、断尾、可能的抗生素治疗、早期免疫等。

• 寄养：对各窝仔猪进行均匀分配，根据母猪的历史记录，让每头母猪哺乳适当数量的仔猪，确保弱仔得到哺乳，并将多余的仔猪转给奶妈猪。

• 母猪饲喂管理：喂料，清理存有剩料的母猪料槽，单独调节饲料配料器以增加、维持或减少饲料配给，加水（图8-11a）。

• 仔猪饲喂管理：确保仔猪吃到足够的初乳并得到合理的哺育，放置教槽料盘并提供少量饲料（教槽料）。

• 对母猪的日常健康监测：注意母猪可能发生的乳房炎或无乳症、厌食症、跛行、受伤、发热。针对每种情况均需进行抗生素、镇痛剂或退热药治疗。

• 对仔猪的日常健康监测：注意仔猪腹泻、跛行和相应的治疗（抗生素、补液、抗炎药等）、死亡。

• 每天清洁和清理分娩舍的过道，以保持良好的整体卫生状况。

• 每天清扫产床后部，以清除粪便（图8-11b）。

• 哺乳期间，对母猪和仔猪进行合理的免疫接种（例如：母猪免疫接种细小病毒和猪丹毒疫苗，仔猪免疫接种圆环病毒疫苗，图8-11c）。

• 每天记录执行的任务以及有问题的母猪、寄养操作等，并使用猪场管理软件采集和记录数据。

当猪场员工应该掌握的执行某项任务的知识与他/她实际知道的知识之间存在差异时，就需要进行技能培养。

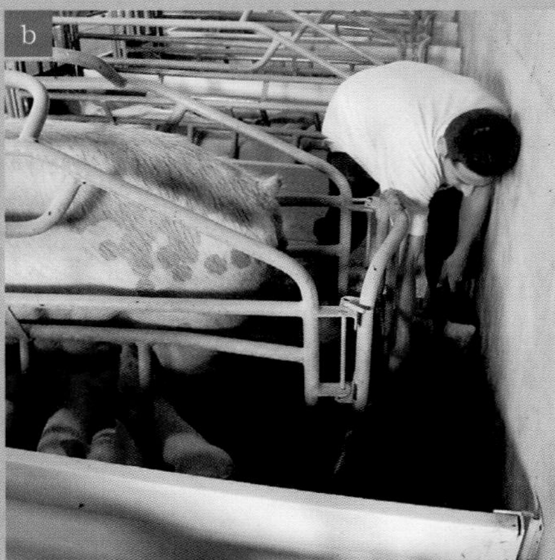

图8-11 与哺乳期管理有关的任务：清洁料槽（a）、清扫产床后部（b）、给母猪免疫接种疫苗（c）

猪场新员工的学习过程包括以下几个步骤：

· 管理：向新员工展示他们在猪场的特定工作。

· 监督：员工在监督下执行这些任务。

· 信任：一旦他们顺利地完成任务，他们会感到被信任并执行任务。

· 委任：新员工获得执行任务和做出与日常工作有关的决定所需的技能后，他们直接负责自己的工作，主管监督他们的工作结果。

实现技能培养的主要工具是培训和经验。

8.1.5 计划

计划猪场工作时，应该使所有员工都清楚地知道他们必须执行哪些任务以及何时、如何以及需要多长时间来执行这些任务。

工作计划表是一种工具，可以使相关资料的整理组织机构正确执行任务。

作为计划工具，工作计划表将使猪场管理者可以定义岗位说明，选择主管并设定目标和统一指标。

8.1.6 责任

责任是与人们接受其行为后果的能力有关的概念。

所有人在做出决定后都应该面对其后果，并对执行的任务负责。

分娩舍的员工应对他们被要求执行的任务结果以及是否达到既定目标承担责任。

8.1.7 沟通

在养猪场，特别是在拥有大量员工的大型工业化猪场中，沟通策略已经越来越重要。这将有助于保持猪场工作人员的动力并使其专注于工作。

根据信息传递的方向可分为3种沟通类型：向下沟通、向上沟通和横向沟通。

沟通绝不应该是单向的，否则会损失沟通的两个最重要的好处：响应和互动。

8.1.7.1 向下沟通

信息来自猪场管理者并向下传递到猪场组织架构的不同级别。可以使用多种沟通工具：员工手册、良好实践手册、非正式会议、访谈、群发电子邮件等。

8.1.7.2 向上沟通

信息从猪场组织架构的较低层级传输到较高层级，让员工可以提出问题并给出建议。可以通过定期会议、意见箱、电子邮件等方式鼓励此类沟通。

8.1.7.3 横向沟通

这种沟通发生在猪场组织架构中处于同一级别的人员之间。这通常是一种非正式的沟通方式，可以促进协同和团队合作。

8.2 人员离职

养猪场要牢记的一个重要概念是人员离职率。人员离职率有时会达到很高的水平。计算人员离职率（personnel turnover rate ，PTR）时，仅需知道过去一年该猪场的平均人数以及辞职或被裁员的人数，而无需记录那些已经退休、正在休病假或已去世的员工。

人员离职率 = 离职人数（辞职或裁员）/ 年内平均员工人数 × 100

人员离职率（PTR）可以说明员工对其在公司工作的满意程度。人员离职率容易波动，并受许多因素影响（工资、工作环境等）。一些经验表明，薪酬政策良好的公司可以获得更好的业绩且人员流动率最低。

8.3 团队合作

在员工人数众多且不断成长的大型公司中，团队合作的概念变得非常重要。

猪场每个单元（配种、分娩、哺乳）的生产成绩取决于其他单元的执行情况（例如：繁殖水平取决于母猪的成功配种，成功配种取决于断奶时的体况，等等。）。对于养猪场的工人来说，清楚地知道他们都是团队的一员至关重要。他们的工作会影响其他团队的工作，从而影响整个猪场的生产效率。

为了使团队有效地工作，必须要有一个领导者。领导者将塑造团队。如果是母猪场，领导者最好是猪场老板或场长。

场长的目标是优化利润。他/她应该以全局视角来组建团队，每个人都热心团队协作，每个人都有各自的责任，但所有人都朝着共同的目标努力：实现猪场的最佳生产水平。

团队之间的差异决定了公司的运营效率。

8.4 为目标奋斗

激励猪场员工并控制生产的方法之一是为猪场的每个生产单元制订可衡量的每周或每月生产目标（分娩、妊娠、配种）。这可以是个人目标，也可以是整个团队的整体目标。

为了确立目标，有必要遵守SMART原则标准：

- 具体（Specific）。
- 可量化（Measurable）。
- 可实现（Achievable）。
- 现实（Realistic）。
- 基于时间（Time-based）。

SMART目标将根据猪场的实际生产水平以及猪场场长希望达到的目标进行定义。在分娩舍的案例中，这些目标基本上应基于以下指标：

- 产活仔猪数。
- 死胎数。
- 断奶前死亡率。
- 断奶重。

在这些指标中，窝均断奶重和断奶前死亡率最适合评估哺乳期间工作成效。这些目标不仅出于盈利原因，而且员工将为良好的工作业绩感到自豪，从而鼓励和激励员工。

激励薪酬计划（表8-1）应与目标一起设计，基于固定薪酬和浮动奖金。奖金将根据目标结果的优异情况而得到增加。猪场场长还应根据与评估指标相关的特定数据设定对应的奖金（生产力奖金）。

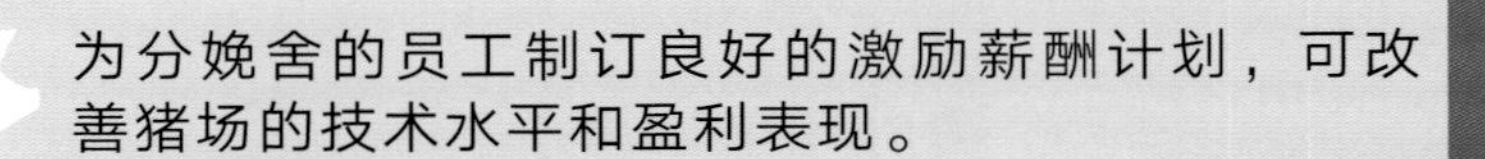

表8-1　分娩舍员工激励薪酬计划示例

断奶前死亡率（%）	每月奖金	窝均断奶仔猪数	每月奖金	窝均断奶重（千克）	每月奖金
9～10	—	＜10	—	60～65	—
7～8	50欧元	10～11	50欧元	65～70	50欧元
5～6	100欧元	11～12	100欧元	70～75	100欧元
＜5	150欧元	＞12	150欧元	75～80	150欧元

注：如果断奶前死亡率低于5%，窝均断奶仔猪12头以上，窝均断奶重为75～80千克，则员工每月可获得450欧元的奖金。

8.5 职业健康与安全

许多国家/地区的劳动法规要求，企业管理者应将职业相关的健康危害以及为避免这些危害而应采取的预防措施告知员工。

对于业务经理而言，满足此需求的最有效方法是进行职业风险评估。根据不同国家的法规，这有可能是强制性的。

可以列出需要通过一系列预防措施规避的一般风险和特定风险（表8-2）。

对于这些风险，应同时采取通用和特定的预防措施。

表8-2　产房的主要职业风险

一般风险	特定风险
工作区域缺乏秩序和卫生条件差	猪场设施条件差
暴露在外部环境条件下，炎热、寒冷	与赶猪有关的风险
搬运重物（袋装饲料等）	独自工作
往返猪场途中的道路安全	与兽医工具使用有关的风险
高度噪声	与化学品使用相关的风险
	与生物制品有关的风险

8.5.1 预防生产事故的规定

以下列出了工作中预防风险的十条黄金法则。

· 开始前

(1) 获取与需要执行任务相关的信息。
(2) 考虑可能存在的风险。
(3) 要求必要的工具和防护设备。

· 工作期间：

(4) 遵守健康和安全标志。
(5) 使用个人防护装备。
(6) 爱护并使用集体防护设备。
(7) 不要冒不必要的风险。

· 下班前：

(8) 整理好工具和防护设备。
(9) 试想："我们是否安全工作？"。
(10) 记住："安全从自己开始！"。

个人防护设备

猪场必须提供员工必要的安全鞋、面罩、手套、耳塞等所有个人防护设备。

此外，应该具有万一发生火灾、需要急救的意外等紧急事故时的明确作业指导书。

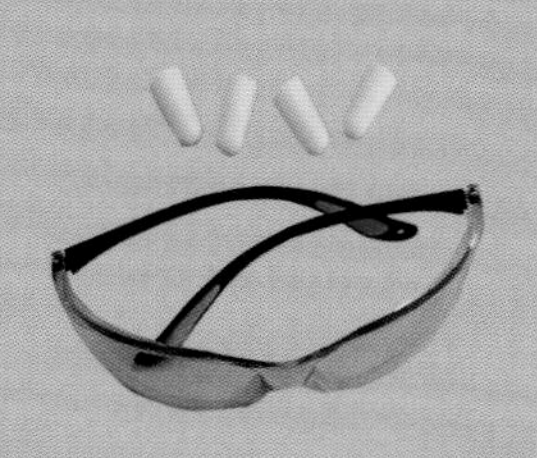

耳塞和安全的护目镜

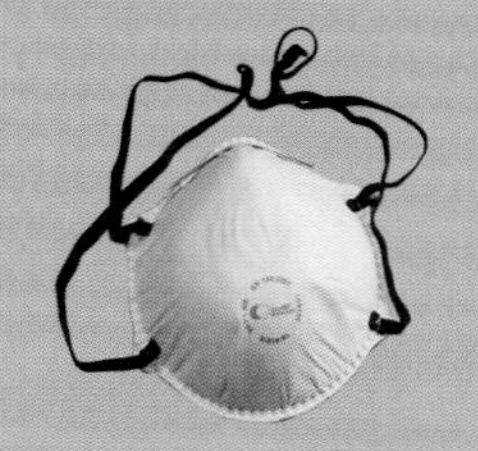

防护口罩

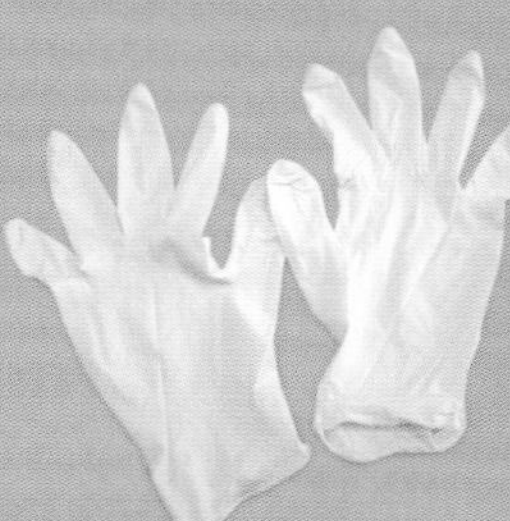

乳胶手套

脚趾处有加固保护的安全鞋

9 结束语

作为本书所论述各主题的总结，以下几个结论需要重点强调：

· 新品系的高产母猪产仔数多，但仔猪均匀度相对较差，仔猪初生重较低。另外，这些母猪的有效乳头数和泌乳量也不足以喂养所有的哺乳仔猪。为了解决这一新问题，我们主要采用两种策略：

· 有些致力于为仔猪提供更多的母乳。

· 有些致力于为仔猪提供补充性饲料（代乳粉、教槽料等）。

大多数情况下，两种策略组合使用。

· 哺乳期营养的目的是为了使仔猪断奶窝重最大化，这取决于断奶仔猪数和仔猪断奶体重。一些育种公司设定每头母猪每年断奶总重200千克的断奶仔猪，为了实现这一目标，母猪必须尽可能多地泌乳。现代母猪比15～20年前的瘦肉率高很多，在整个哺乳期，随着日龄的增加，它们的体重也随之增加，这就要求更高的维持营养需求。

· 新的营养策略试图通过增加哺乳期的采食量来尽可能减少母猪的体况损失。一旦分娩结束，母猪应尽快达到最高采食量，以避免体况损失，这有利于泌乳。

· 母猪在哺乳期间体况损失不应超过体重的10%，背膘损失不应超过3毫米。超出以上损失，将会延长母猪的断奶至配种间隔，影响未来的生育能力和繁殖力，进而影响之后的生殖周期。每天应饲喂哺乳母猪2～3次。

· 为了最大限度地提高母猪的采食量，必须保证母猪充足的饮水（每天高达40～50升）。因此，饮水系统的最低水流量为4～6升/分钟。

• 哺乳期母猪的饲喂曲线的设计应通过监测哺乳母猪采食量并结合母猪的体况、品种和日龄以及产仔数进行调整。

• 母猪饲喂量在任何生产阶段（尤其是哺乳期）都应该进行个体控制，应考虑母猪的体况（应对体况定期监测）及所处的生理阶段。

• 饲喂程序应该简洁明了。所有猪场员工都应该知道并且理解饲喂程序，因为他们负责根据饲料的密度变化来调整饲料配量器。

• 哺乳期仔猪的主要食物是母乳。然而，母乳并不能为仔猪提供达到其最大生长潜力所需要的所有营养。这就是为什么自10～14日龄要给哺乳仔猪补充固体饲料，这可以促进仔猪消化道的发育，有助于减少断奶时的肠绒毛萎缩。

• 仔猪通过母乳获得更高的断奶体重比通过喂食饲料和其他营养补充物增重所需要的成本要更低。

• 保持分娩舍的安静环境有利于分娩和哺乳过程的顺利进行。要做到这一点，必须要严格保证母猪和仔猪的安静环境和舒适条件。

• 如果能更好地了解母猪和仔猪的环境需求，并配合应用分娩舍的自动化环境控制系统，就能进一步提高生产性能。

• 初乳的摄入是最根本的。所有仔猪在出生后的最初几个小时内，必须从母猪那里喝到足够量的初乳。为了促进这一过程，可以采用分批哺乳等技术。

• 建议在3日龄时进行仔猪操作，此时仔猪更有活力，能更好地应对应激。

• 许多猪场都会对仔猪去势，以消除公猪气味对胴体的污染，获得更高质量的肉制品。

• 去势仔猪的最佳时间是4～6日龄。欧洲关于动物福利的立法非常严格，禁止不经麻醉对7日龄以上的仔猪去势。

• 在未来，微创（应激少的）去势方法将得到应用，如免疫去势。

• 交叉寄养方法最适合应用于饲养高产母猪的猪场，因为猪场可通过充分利用可利用的资源，优化猪场的生产能力。

• 猪场寄养方案的选择主要取决于母猪繁殖能力，某些程度上也取决于设施（产床的数量和类型）以及饲养人员的技术能力和任职资格。

• 早期隔离断奶，包括采用早期（在一般断奶日龄之前）、加药、隔离的方式使仔猪断奶，彻底改变了世界范围内的生猪生产方式，并有利于仔猪21日龄以内的早期断奶，以阻止许多疾病从母猪传播给仔猪。但这些理论部分已经过时，如今通常在仔猪3～4周龄时进行断奶。

· 在有健康管理方案的猪场，28日龄断奶是最值得推荐的，因为可以达到更高的断奶体重，仔猪可以更早地开始采食，生长速度更快，消化系统疾病也更少。

· 仔猪21日龄的断奶体重在6～6.5千克之间，而28日龄断奶体重在8～9千克之间，这有利于后续的管理，如断奶到育成的管理。

· 根据当前欧洲的动物福利法规，仔猪不能在28日龄以内进行断奶，除非兽医人员建议早期断奶作为控制或根除一种疾病的特殊措施，并提供他们采取提早断奶措施所使用的专用保育舍。

· 哺乳期的健康管理目标是能够生产出高健康水平的仔猪。这将影响每窝断奶仔猪数、仔猪的质量和之后育肥期的生长。

· 猪场良好的预防保健措施有助于改善猪群健康状况，从而获得更健康的仔猪，并取得更好的技术指标和经济效益。

· 每个猪场需要根据其健康管理目标来确定健康管理策略，制订一套措施，其中应包括生物安全方案、寄生虫控制措施、疫苗免疫程序及综合治疗措施。

· 在过去几年里养猪业在遗传改良、营养、卫生和设施方面取得了惊人的进展，但如何应用这些进展取决于猪场团队。分娩舍的工作人员必须确保母猪在分娩后，在最理想的状态下开启哺乳期，以获得更多的具有适宜断奶重的仔猪。

· 团队协作的理念与养猪场经营密切相关，因为养猪场规模越来越大，工人数量也越来越多。

· 选择合适的人员不仅包括为猪场找到工人，而且还在于正确地将每项工作分配给具有执行该工作所需资质的人。

· 猪场人员的培训和专业化是非常关键的，特别是对于那些将要在分娩舍工作的工人。培训项目应包括产房最新饲养管理理论知识和实操培训。

参考文献

图书在版编目（CIP）数据

猪场产房生产管理实践．Ⅱ，哺乳期管理 ／（西）埃米利奥·马格隆·博特亚等著；曲向阳，高地，周明明主译．—北京：中国农业出版社，2022.6（2022.9重印）
（世界养猪业经典专著大系）
ISBN 978-7-109-29538-4

Ⅰ．①猪…　Ⅱ．①埃…②曲…③高…④周…　Ⅲ．①养猪场–病房–管理②哺乳母猪–饲养管理　Ⅳ．①S828

中国版本图书馆CIP数据核字（2022）第100038号

Husbandry and management practices in farrowing units II lactation
© 2015 Grupo Asís Biomedia S.L.
First edition: April 2015
ISBN: 978-84-16315-10-9

合同登记号：图字01–2018–6645号

中国农业出版社出版
地址：北京市朝阳区麦子店街18号楼
邮编：100125
责任编辑：刘　伟
版式设计：王　晨　　责任校对：周丽芳　　责任印制：王　宏
印刷：北京缤索印刷有限公司
版次：2022年6月第1版
印次：2022年9月北京第2次印刷
发行：新华书店北京发行所
开本：700mm × 1000mm　1/16
印张：11.5　　插页：2
字数：180千字
定价：128.00元